Kleinvoigtsberg/Sa.

„… Die vom königlichen Steinkohlenfaktor E.F. Lindig
»gegen jede Vernunft« erprobte Nassaufbereitung
der Steinkohle (Kohlenwäsche) wurde seit 1810
die wesentliche Neuerung im gesamten europäischen Steinkohlenbergbau
mit berghaltigen Kohlen.

Nicht alles ist in England oder an der Ruhr erfunden worden …"

HELMUT WILSDORF,
Montanwesen eine
Kulturgeschichte,
Leipzig 1987, S. 299;

Helmut Müller

Über mitteldeutsche Steinkohlenlagerstätten und die Aufbereitung der Kohle

Akten und Berichte vom sächsischen Bergbau – Heft 55

Umschlag:
Brückenberg Schacht I mit den Tagesanlagen
und der Neuen Steinkohleaufbereitung (Zwickau).
Foto um 1955 [aus: Betriebsgeschichte
VEB Steinkohlenwerk Karl Marx 1859-1959]

Jens Kugler (Hrsg.) 2019

ISSN   1436 - 0985
Paperback   978-3-7497-3346-0
Hardcover   978-3-7497-3347-7
e-Book   978-3-7497-3348-4

Verlag und Druck: tredition GmbH, Halenreie 40-44, 22359 Hamburg

0. Einleitung

In dieser Abhandlung wird über Steinkohlenfunde, Steinkohlenabbaugebiete gemäß Bild auf Seite 7 berichtet. Die Funde und die Steinkohlegewinnung liegen zeitlich weit zurück. In einem spät erschlossenen Revier, dem von Lugau-Oelsnitz, wurde erst ab 1844 Steinkohle abgebaut. An anderen Orten begann die „Kohlegewinnung" teils erheblich früher. Aus heutiger Sicht lagen diese Lagerstätten im mittleren oder östlichen Deutschland. Es werden 11 Fundorte erwähnt, und mit Hinblick auf die damalige Zeit wird auch über Reviere mit teils hochmodernen Ausrüstungen berichtet. Im Vergleich der 11 Fundorte (teils Reviere) wird versucht, vorhandene Gemeinsamkeiten aber auch Besonderheiten herauszustellen.

1. Zur Entstehung der Steinkohlenlagerstätten in Mitteldeutschland

1.1 Gemeinsamkeiten

Die hier zu diskutierenden Lagerstätten sind deutschlandweit und erst recht weltweit gesehen, ausgesprochen kleine Lagerstätten. Bis auf unbedeutende Reste sind sie erschöpft oder waren von vornherein nicht abbauwürdig. Die noch in untertägigen Bereichen liegenden oft auch minderwertigen Kohlen werden wohl kaum einer Nutzung zugeführt werden können. So ergab sich für das Vorkommen im Raum Doberlug-Kirchhain kein Bergbau und der Kohleabbau in Flöha, Hainichen-Ebersdorf oder im Gebiet um Rehefeld im oberen Erzgebirge konnte sich nicht oder nur unbedeutend entfalten.

Alle mitteldeutschen Lagerstätten sind gemäß (1), (2) aus tropischen Mooren hervorgegangen. Vor Millionen von Jahren lagen diese Gebiete im Innern des Goßkontinents Pangäa, nahe dem Äquator. Für die hier zur Debatte stehenden kleinen Lagerstätten war wesentlich, dass sie nie unter maritimen Einfluss standen. Man ordnet sie deshalb in die limnischen Steinkohlenlagerstätten ein. Die für Mitteldeutschland wichtigen tropischen Moore standen zumindest oft unter Süßwasser und waren von allen Seiten von Land umgeben. Das Wasser war entscheidend, so dass sich die Moore in Torfe umwandeln konnten und der Inkohlungsprozess in Gang kam. Wer sich näher mit der Steinkohlenbildung befassen möchte, dem sei (2) empfohlen. In diesem Zusammenhang sind Zeitangaben in (2) aufschlussreich. So können Moore unter günstigen Bedingungen jährlich bis zu 6 mm wachsen. Gleiches sollte auch auf die unmittelbar folgenden Torfe zutreffen, so dass sich in z.B. 1000 Jahren unter günstigen Bedingungen eine Torfdicke von 6000 mm oder 6 m aufgebaut haben könnte. Ebenfalls aus (2) geht hervor, dass aus 6 m Torf 3 m Braunkohle oder 1 m Steinkohle entstehen. Gem. (3) war die Fläche Pangäas, auf der die hier zu diskutierenden kleinen Steinkohlenlagerstätten Mitteldeutschlands liegen, ca. 50 Mill. Jahre ausschließlich Binnenland und lag deutlich über dem Spiegel des oder der Weltmeere. 50 Mill. Jahre, selbstverständlich ohne menschlichen Einfluss und nur den Naturgewalten bzw. natürlichen Abläufen ausgesetzt, sind ein unvorstellbar langer Zeitraum. Selbst eine Million Jahre sind unvorstellbar und lange genug, um Torfe ausreichender Dicke und in entsprechender Abfolge auch Sedimente zwischen den Flözen zu bilden. Ein Torf wurde von Sedimenten teilweise bis zu vielen Metern hoch überdeckt und danach begann der Prozess wieder aufs Neue. So konnten sich Torfe viele Meter über einander neu bilden. Die Abstände zwischen den Torfen fanden die Bergleute dann beim Abteufen der Schächte als kohlefreie Zonen zwischen den Steinkohleflözen. Größere Erdkrustenbewegungen z.B. durch Vulkanismus hatten ebenfalls Einfluss und konnten zu seitlichen, aber auch höhenmäßigen Verschiebungen, Steillagen und natürlich auch Auswaschungen führen.

Die Entstehung der Steinkohlenlagerstätten meinte es in einem Punkt relativ gut mit ihrer viel späteren Aufbereitung. Aber auch das hat mit der Entstehung einer entsprechenden Lagerstätte zu tun. Es existiert ein fester Zusammenhang zwischen dem Aschegehalt – einem Hauptmerkmal beim Handel mit Steinkohlen – und der Dichte der Steinkohle. Je höher die Dichte der Steinkohle ist, desto höher ist ihr Aschegehalt oder im Umkehrschluss: Die Kohle mit der geringsten Dichte ist zugleich die ascheärmste und diesbezüglich dann die wertvollste. Das gilt grundsätzlich immer, auch wenn die einzelnen Werte leider von Lagerstätte zu Lagerstätte und, fast noch schlimmer, auch von Flöz zu Flöz unterschiedlich sind. An einem Beispiel aus dem Lugau-Oelsnitzer Revier soll das aufgezeigt werden. Im Verlaufe eines Tages wurden von 13 Flözen Schlitzproben entnommen und diese im Labor mittels Schwimm- und Sinkanalysen und weiteren analytischen Arbeiten untersucht. Die nachfolgende Tabelle1 zeigt den Aschegehalt (Glührückstand) der Dichtefraktion < 1,6 kg/dm³.

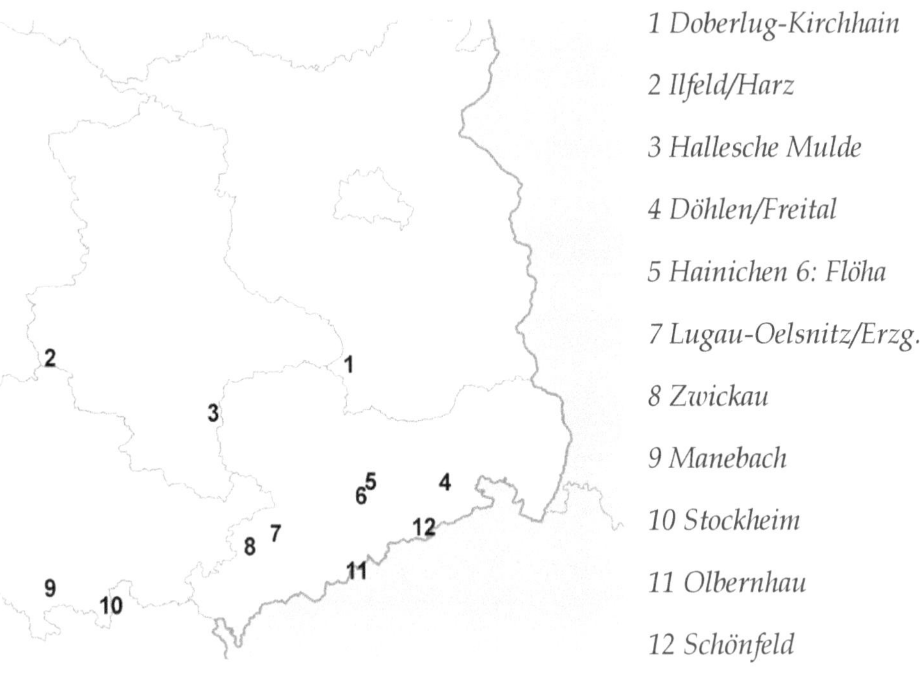

Flöz	1	2	3	4	5	6	7	8	9	10	11	12	13
Glührück-stand %	5,3	7,8	15,1	12,6	6,3	6,2	2,2	6,2	6,5	4,6	8,2	12,7	5,9

Tabelle 1: Glührückstände der Flöze 1-13 im Lugau-Oelsnitzer Revier

Die Zahlen 1 bis 13 stehen für 13 der 16 im Lugau-Oelsnitzer Revier insgesamt vorhandenen Flöze. Die Ergebnisse stellen nur eine Momentaufnahme dar und sollten auch nicht überbewertet werden. Die angeführten Werte zeigen aber das Problem, das insgesamt in der Angabe eines Glührückstandswertes (oder einer Aschegehaltsangabe) für die Steinkohle einer Lagerstätte stecken kann. In Revieren, in denen gleichzeitig mehrere Flöze in wechselnden Anteilen gefördert und aufbereitet wurden oder werden, war oder ist es schwierig, einen verbindlichen Aschegehalt für die zu liefernde Kohle anzugeben. Selbst innerhalb der Flöze streut der Aschegehalt, was aber nicht an der Methode der Aschegehalts- oder Glührückstandsbestimmung liegt. Streuungen innerhalb von Flözen zeigt Tab. 2.

Anzahl der Schlitzproben	Flöz 1	Flöz 3	Flöz 5
n = 9	11,3 und 7,7		
n = 12		12,7 und 8,1	
n = 7			13,0 und 10,6

Tabelle 2: Höchst- und Tiefstwerte von Aschegehalten (%)

Die Werte sind (4) entnommen und zeigen jeweils den höchsten und niedrigsten Aschegehalt innerhalb der Flöze 1, 3 und 5 des Döhlener Reviers.

Ausgewählt wurde die Dichtestufe 1,3 bis 1,4 kg/dm³.

Auch hier sollte wieder nur der momentane Ausschnitt gesehen und nicht weiter verallgemeinert werden. Schlitzprobenergebnisse liegen leider nicht in großer Anzahl vor. Da Schlitzproben und ihre analytische Auswertung recht aufwendig sind und die Ergebnisse immer nur zu einem späteren Zeitpunkt vorliegen, sind sie ohnehin nicht für die Regelung des Betriebsablaufes geeignet. Sie zeigen aber Probleme auf, die für die Einhaltung von Lieferverpflichtungen der Aufbereitung bzw. des Steinkohlenwerkes gegenüber den Abnehmern existieren können. Daran müssten sich z.B. Abbaupläne orientieren oder eine Vergleichmäßigung der Rohkohle erfolgen. Hier wirft sich vor allem die Frage auf, warum die Aschegehalte innerhalb von Flözen und von Flöz zu Flöz so stark streuen. Wo kommt die Asche her? Selbstverständlich kommt die Asche aus dem Moor bzw. dem Torf. Die

Moore hatten unterschiedliche Ausdehnung und waren je nach der in unserer Zeit vorgefundenen Flözmächtigkeit unterschiedlich alt. Ein Flöz von zwei Meter Mächtigkeit kann aus einem Torf, das 12.000 Jahre oder länger wachsen konnte, entstanden sein. In diesem schon unvorstellbar langem Zeitraum wurden Fremdmaterialien in den Moorkörper hineingeweht oder hineingeschwemmt. Die Fremdmaterialien stammten von den Gebieten, die an den Ufern der Moore oder weiter entfernt und in aller Regel auch höher lagerten als der betreffende Moorkörper. Erstaunlich ist, dass so z.T. außerordentlich niedrige Aschegehalte in verschiedenen Flözen überhaupt entstehen konnten.

Gemeinsam ist allen Steinkohlen, dass sie über eine syngenetische und eine epigenetische Mineralführung verfügen. Kohlepetrographen bezeichnen die mit der Kohle innig verwachsenen Minerale als syngenetisch und die durch Umwandlung von syngenetischen Mineralen bzw. auf Spalten und Rissen eingetragenen Minerale als die epigenetischen Minerale (5). Es gibt also auch eine Art fließenden Übergang von syngenetisch zu epigenetisch. Syngenetische Mineralien wurden während des Moorwachstums von den damals existierenden Pflanzen aufgenommen, was auch zu organisch gebundenem Schwefel in der Kohle führte.

Dieser kann mechanisch nicht entfernt werden und ist wertmindernd bis schädlich, insbesondere bei den Kohlen, die für die Verkokung geeignet sind. Man darf vermuten, dass die Moorfläche und das Umfeld großen Einfluss auf den epigenetischen Mineralanteil hatten. Da die Moore Jahrhunderte bis Jahrtausende lagen, wurden mit großer Wahrscheinlichkeit an den Rändern der Moore größere Anteile an Mineralen abgelagert als im Zentrum der Moore. Das dürfte vor allem dann spürbar sein, wenn die Moore beachtliche Ausdehnungen hatten. Im Zentrum müssten die ascheärmeren Kohlen liegen. Bevorzugte Windrichtungen oder Wasserströmungen konnten ferner zu punktuell unterschiedlichen Ablagerungen führen. Es erscheint aus heutiger Sicht logisch, dass die auf solche Art und Weise entstandenen Flöze unterschiedlich sein müssen. Gleiches oder zumindest sehr ähnliches gilt für die Flözabfolge, also für übereinander liegende Flöze innerhalb einer Lagerstätte. Diese sind in aller Regel unterschiedlich in ihrer flächenmäßigen Ausdehnung und ihrer Mächtigkeit. Trotzdem bleibt aber stets der wichtige Zusammenhang zwischen Dichte und Aschegehalt (Glührückstand). Je mehr

Mineralkomponenten eingelagert wurden, desto spezifisch schwerer wurde und ist die Steinkohle.

Eine weitere wesentliche Gemeinsamkeit aller Steinkohlen ist ihre Hydrophobie. Sie äußert sich gegenüber dem Bergmann in der unangenehmen Eigenschaft, dass er sich mit kaltem Wasser und vor allem ohne Seife (Tenside) nur schwer reinigen kann. Die feinen Kohleteilchen haften intensiv an der durch den Schweiß von der Haut abgesonderten Fetten. Diese Eigenschaft nutzt der Aufbereiter im Korngrößenbereich von ca.< 1 bis 2 mm im Rahmen der Flotation, vor allem, wenn es sich um Kokskohle handelt. Diese Eigenschaft spielte im Zwickauer Revier eine besondere Rolle, wie später noch behandelt wird.

1.2 Besonderheiten der Lagerstätten

In Tabelle 3, sind, soweit verfügbar, Unterschiede zwischen den einzelnen Lagerstätten aufgeführt. Die Steinkohlen dieser kleinen mitteldeutschen Lagerstätten entstanden somit alle im Zeitalter des Karbons bis in das Zeitalter des Perms (Oberrotliegendes) hinein in einer Zeitspanne von ca. 40 Mio. Jahren.

Zu den Besonderheiten der einzelnen Lagerstätten zählen insbesondere:
- die Entstehungszeit
- die Anzahl der Flöze und ihre flächenmäßige Ausdehnung
- die Eigenschaften der Kohle, wie z.B. Verkokbarkeit, spezieller Chemismus
- der Aschegehalt und seine Verteilung in den Flözen
- die Mächtigkeit der Flöze
- die Mächtigkeit der Schichten zwischen den Flözen

Lfd. Nr.	Ort (Karte S. 7)	Entstehungszeitrum	Anzahl der Flöze (mittlere Mächtigkeit)	Bergbauzeitraum (von/bis)	Geförderte Rohkohle (g.R) oder verwertbare Förderung (v.F.)	Angaben zur Aufbereitung
01	Doberlug-Kirchhain	Vor ca. 335 Mio. J. Viseum (V3c)	19 (ab wenigen cm bis 2 m)	Nur Erkundung (kein Bergbau)	-	-
02	Ilfeld	Manebach Subform. vor ca. 295 Mio. J.	Keine Angaben gefunden	Ca. 1700-1800	Ca. 330.000 t	Keine Hinweise auf eine Aufbereitung
03	Hallesche Mulde	Vor ca. 300 Mio. J. Westfal C	6 (ab 0,6 bis 3 m)	1466-1967	Ca. 7,7 Mio. t (v.F.)	Mechanische Aufbereitung vorhanden
04	Döhlen/Freital (Plaunscher Grund)	Vor ca. 295 Mio. J. Oberes Karbon bis Perm	7 (ab 0,1 bis 4 m)	1542-1967 (einschließlich SAG/SDAG Wismut)	Ca. 40 Mio. t (v.F.) ohne Erzkohlen des Uranerzbergbaus	Mechanische Aufbereitung vorhanden
05	Hainichen/ Borna b. Chemnitz	Vor ca. 330 Mio. J. Viseum (V3c)	7 (ab 0,5 bis 1,2 m)	1559 -1865	Ca. 100.000 t (g.R.)	Keine Hinweise auf eine Aufbereitung
06	Flöha	Vor ca. 310 Mio. J.	6 (ab 0,1 bis 1,2 m)	Ab 1700 bis mindestens 1840	Ca. 100.000 t (g.R.)	Keine Aufbereitung
07	Lugau-Oelsnitz/Erzg.	Vor ca. 305 Mio. J. Westfal D	16 (ab 0,5 bis 3,5 m)	1844-1971	145 Mio. t (v.F.)	Mechanische Aufbereitung vorhanden
08	Zwickau	Vor ca. 305 Mio. J. Westfal D	11 (ab 0,5 bis 4,5 m)	1348-1979	Ca. 230 Mio. t (v.F)	Mechanische Aufbereitung vorhanden
09	Manebach	Vor ca. 295 Mio. J.	Keine Angaben gefunden	1691-1839; nach (19) bis 1949	50.000 t (g.R.)	Keine Aufbereitung
10	Stockheim bei Sonneberg	Vor ca. 300 Mio. J.	2 (? Bis mehrere m)	1582-1968	Mindestens 1 Mio. t, ab 1916, maximal 80.000 t/a	einfache mechanische Aufbereitung vorhanden
11	Olbernhau und Schönfeld, Rehefeld	Vor ca. 310 Mio. J. Westfal B/C	1-4 (ab 0,25 bis 4 m)	1761 (oder 1671?) bis 1924	Mindestens 700.000 t (g.R.)	Mechanische Aufbereitung vorhanden in Olbernhau

Tabelle 3: Mitteldeutsche Steinkohlelagerstätten im Überblick (6), (9), (10)

Man kann die Schwierigkeiten bei der Altersbestimmung für die Lagerstätten nur erahnen. Geographisch liegen Freital, Flöha, Olbernhau, Hainichen, Lugau-Oelsnitz und Zwickau relativ nahe beieinander. Dennoch soll die kleine Lagerstätte bei Hainichen vor ca. 330 Mio. Jahren, die Zwickauer Steinkohle vor ca. 305 Mio. Jahren und die im Döhlener Becken (Freital) vor ca. 295 Mio. Jahren entstanden sein (6). Es liegen viele Millionen Jahre dazwischen, während allein 1 Million Jahre reichen, um die 11 Flöze von Zwickau übereinander zu bilden.

Die Angabe über die Anzahl der Flöze ist in der Literatur nicht immer einheitlich, was aber eher eine Frage der Klassifizierung ist. Im Lugau-Oelsnitzer Revier schwanken diesbezüglich die Angaben zwischen 14 (7) und 16 (8).

Die angegebenen Mächtigkeiten sollten nur als Durchschnittswerte betrachtet werden. Die vor Ort angetroffenen Flözdicken (Mächtigkeiten) weichen zu den Angaben in Tab.3 (s.S. 6) z.T. erheblich ab. So wurden im Döhlener Becken beim Flöz 1, im Mittel etwa 4 m mächtig, bis zu 10 Meter Kohlenmächtigkeit vorgefunden.

Die Steinkohle mit immer gleichen Eigenschaften oder gleicher Zusammensetzung, wie z.B. dem Mineral Bleiglanz (PbS) gibt es nicht. Steinkohle ist auf Grund ihrer Entstehung ein sehr komplexer, inhomoger Rohstoff. Er unterscheidet sich z.B. in Bezug auf das Verhältnis von Dichte zu Aschegehalt innerhalb der Flöze und außerdem von Flöz zu Flöz und dann wiederum von Lagerstätte zu Lagerstätte. Angenehm ist nur, dass die Steinkohle mit steigender Dichte aschereicher wird und somit mittels Dichtetrennverfahren in ascheärmere und aschereichere Sorten getrennt werden kann. Außerdem gilt überall die für die Steinkohle typische Hydrophobie.

Zu den einzelnen Lagerstätten kann noch folgendes angeführt werden:

1.2.1 Doberlug-Kirchhain

Doberlug-Kirchhain entstand durch Zusammenlegung der Städte Doberlug und Kirchhain im Jahr 1950, doch bereits zwischen 1927 und 31 waren westlich der Stadt Kirchhain Bohrungen nach Steinkohle erfolgt. Die Erkundungsarbeiten dauerten insgesamt bis 1959/60. Dann stand fest, dass die dort liegenden Vorräte wegen des insgesamt zu hohen Aschegehaltes nicht abbauwürdig sind. Die Lagerstätte wurde ab 1960 nicht weiter erschlossen und alle Arbeiten eingestellt (11). Bei den Erkundungsarbeiten wurden insgesamt 19 Flözpartien gefunden, deren Mächtigkeit von wenigen cm bis 2 m reichten. 90 % der Kohlenvorräte konzentrieren sich auf die Flöze 12, 13 und 15.

Als Gesamtvorrat werden 70 Mio. t genannt. Ein großer Teil der „Kohlen" soll einen Glührückstand bis zu 65 % besitzen. Schlitzprobenergebnisse oder Dichte-Asche-Analysen wurden nicht vorgefunden.

1.2.2 Ilfeld (Harz)

Über den Steinkohlenbergbau im Ilfelder Gebiet wird relativ wenig berichtet. Laut „Internet" wurde Bergbau auf Steinkohle ab 1700 nördlich von Ilfeld in der Nähe von Neustadt am Vaterstein und an der Heinrichsburg betrieben. Seine endgültige Anerkennung erhielt dieser Bergbau im Brandesbach-Tal zwischen 1820 und 1840. Gegen 1880 erlag dieser Bergbau aber endgültig, weil durch die Eisenbahn sowohl westfälische und schlesische Steinkohle als auch böhmische Hartbraunkohle den Bedarf deckten. Jeweils in den schwierigen Jahren während des 1. und auch nach dem 2. Weltkrieg (zwischen 1916 und 1921 sowie von 1946 bis 1948) wurde wieder Steinkohlenabbau betrieben, der aber wegen der schlechten Qualität der Kohlen aufgegeben werden musste.

1.2.3 Hallesche Mulde (Plötz, Wettin, Löbejün)

Der Steinkohlenbergbau in der Region nördlich von Halle lässt sich gemäß (12) bis in das 14. Jahrhundert zurückverfolgen, wo in der Gegend um Wettin und Löbejün bis zum Ende des 19. Jahrhunderts Steinkohle gefördert wurde. Das deckt sich mit (13), danach begann der Bergbau auf Steinkohle in Wettin im Jahre 1382 und in Löbejün 1466. Der Steinkohlenbergbau wird als sehr gut entwickelt und insgesamt fortschrittlich eingestuft. 1795 wurde in Löbejün die erste in Deutschland gebaute und die zweite in Deutschland arbeitende Dampfmaschine aufgestellt. Gemäß (9) wurden 4 bis 6 Flöze vorgefunden. Nach einer Teilschrift der Dissertation von F. Wulf, 1933, baute die Fa. Schüchtermann & Kremer 1888 eine Aufbereitung mit zwei Klassierschnitten (bei 30 und 10 mm): > 30 mm wurde vermutlich geklaubt, 30 bis 10 mm ging zu einer Grobkornsetzmaschine und < 10 mm zu einer Feinkornsetzmaschine. Somit sortierten zwei Setzmaschinen die Rohkohle

< 30 mm. Über die Waschwasserbehandlung findet sich kein näherer Hinweis. Diese Aufbereitung war offenbar bis zu ihrem Totalverschleiß in Betrieb und wurde erst nach dem 1. Weltkrieg aufgegeben. Die Aufbereitung konnte in 10 Stunden 17,5 t bewältigen.

Man hatte aber große Probleme mit einem annähernd gleichbleibenden Aschegehalt. Deshalb wurde im Rahmen einer umfangreichen analytischen Untersuchung von ca. 1500 Proben festgestellt, dass der Aschegehalt der Rohkohle stark schwankt und das in sehr geringen Abständen schon innerhalb eines Flözes. Außerdem war die Vorratslage unklar, so dass man sich auch nicht für eine neue Aufbereitung entscheiden konnte.

Später (vermutlich ab ca. 1930) wurde bei 40 mm klassiert. Die Rohkohle > 40 mm ging zum Klauben und die gesamte Rohkohle < 40 mm wurde zu Feinkohle für die Brikettierung oder direkten Verbrennung zerkleinert. Hier war man aber den enormen Aschegehaltsschwankungen ausgesetzt und hatte fortan beachtliche Absatzprobleme.

In Löbejün begann der Abbau 1564. Dort werden der Hoffnungschacht, Martinschacht und die Carl-Moritz-Grube erwähnt. Letztere ist vermutlich mit Plötz Schacht I identisch.

1.2.4 Döhlener Becken (Freital)

Im Döhlener Becken liegt wahrscheinlich bezüglich der Sortierprozesse die Wiege der deutschen Steinkohlenaufbereitung. 1810 war es Lindig, der erstmals, wenn auch manuell, dass bereits im Erzbergbau bekannte Stauchsetzen auf die Aufbereitung der Kohle anwendete. Es gelang ihm eine finanziell spürbare Verbesserung der Kohlenqualität. Er erzeugt in einem Arbeitsgang hochwertige Schmiedekohle, Kalkkohle und Berge, was bis dahin nur durch aufwändiges manuelles Auslesen (Klauben) möglich war. Die Lagerstätte an sich weist aber eine bedeutende Besonderheit auf. Sie liegt in der mit Uran angereicherten Vererzung einzelner Grubenfelder.

Nach dem 2. Weltkrieg wurde diese Lagerstätte von der sowjetischen Besatzungsmacht ausgiebig untersucht und zur Urangewinnung genutzt. Die Steinkohlenlagerstätte des Döhlener Beckens wird stratigraphisch in das beginnende Rotliegende (Perm) (6) eingeordnet. Sie ist damit etwas jünger als 300 Mio. Jahre. Die Kohlenlagerstätte ist seit mindestens 1542 bekannt und wurde seit dieser Zeit sehr wahrscheinlich auch mehr oder weniger abgebaut. Die Gewinnung von Steinkohle erfolgte zunächst, wie in den anderen Fundstätten auch, in familiären Umfängen für deren Lebensunterhalt. Zur Lagerstätte zählen 7 Flöze, wobei aber für die Kohlegewinnung nur die Flöze 1, 3, und 5 genutzt wurden. Das Flöz 1 mit bis zu 10 m Mächtigkeit war das hauptsächlich genutzte Flöz. Gemäß (4) wurden bauwürdige Urananreicherungen an verschiedenen Kohlelithotypen in den Flözen 1, 2a, 3, 4 und 5 gefunden. Die Dichte der Erzkohlen bewegte sich zwischen 1,4, und 2,2 kg/dm³.

Aschegehalt	15 bis 50 %
Schwefelgehalt	2 bis 13 %
Wassergehalt	1 bis 4 %
Sauerstoffgehalt	11 bis 28 %
Kohlenstoffgehalt	23 bis 66 %
Gehalt an Bitumina	0,3 bis 1,5 %
In den Aschen: SiO_2	18 bis 35 %
Fe	8 bis 20 %
S	6 bis 15 %
Al_2O_3	1,6 bis 5,8 %
CaO	0,3 bis 3,8 %

Tabelle 4: Charakterisierung der Erzkohlen nach Nekrasowa (4)

Die Urangehalte lagen zwischen 10 und 80 ppm. Nach der sowjetischen Geologin Nekrasowa u.a. sind die vorgefundenen Uranvererzungen syngenetisch aus zirkulierenden Wässern abzuleiten. Unabhängig davon, dass das Uran eben da war und für den Kalten Krieg dringend benötigt wurde, gab es offenbar auch Diskrepanzen z.B. in der Altersbestimmung. Radiometrische Altersbestimmungen ergaben ein Alter von jünger als 240 Mio. bis 100 Mio. Jahren in Abhängigkeit vom Urangehalt. Für die mechanische Aufbereitung ergaben sich zunächst unlösbare Probleme, die aber im Zusammenhang mit Verbrennung und Laugung dann doch mehr oder weniger gelöst wurden (s.w.u.). Das Uran selbst könnte sowohl dem Meißner Granitstock als auch dem Granit des Osterzgebirges entstammen.

1869 und 1879 ereigneten sich im Revier 2 besonders schwere Schlagwetterunglücke. Sie forderten 276 und 89 Tote. (Die im weiteren Text erwähnten größeren Unglücksfälle beinhalten leider nicht alle tödlichen Unfälle.)

1.2.5 Hainichen

Borna-Ebersdorf, Berthelsdorf-Hainichen, gelegentlich findet man auch den Begriff der Hainichener Mulde, gemeint ist aber immer ein vermutlich zusammengehörendes, Steinkohle führendes Gebiet zwischen Hainichen und Borna nahe Chemnitz.

In dieser Gegend wurde gemäß den Unterlagen des Sächsischen Bergarchivs in Freiberg (14) bereits im 16. Jahrhundert Steinkohle abgebaut. Wo das im Einzelnen genau war, ist offenbar unbekannt. Später, mit Beginn des 19. Jahrhunderts, bemühten sich Graf von Einsiedel und der Oederaner Tuchfabrikant Fiedler verstärkt um den Steinkohleabbau. Die Erfolge Fiedlers führten 1838 zur Gründung der Aktiengesellschaft Hainichener Steinkohlebauverein, der sich aber 1842 schon wieder auflöste. 1849 gründete sich der Steinkohlenbau-Aktienverein zu Hainichen, der jedoch seine Arbeit 1853/54 einstellen musste, da keine abbauwürdigen Kohlen gefunden wurden. Ähnlich erging es offenbar einigen im Zeitraum von 1838 bis 1860 ins Leben gerufenen Werken des „Hainichen-Ebersdorfer Reviers". Es wurde auch noch der Berthelsdorfer Steinkohlenbergbauverein gegründet. Zu welchem Zeitpunkt die einzelnen „Werke" aufgaben, ist unbekannt (14). Es konnte weiterhin nicht ermittelt werden, welche Art von Steinkohle abgebaut wurde und welche Mengen aus wie viel Flözen gefördert werden konnten. Die in Tab. 3 (z.T. aus 9) wiedergegebenen Fördermengen können deshalb weder bestätigt noch dementiert werden. Die Entfernung zwischen Hainichen und Borna/Chemnitz ist in etwa die gleiche wie zwischen Oelsnitz/Erzgeb. und Zwickau.

1.2.6 Flöha

Der Bergbau auf Steinkohle wurde in der Gegend um Flöha bei Chemnitz bereits 1700 betrieben (10). Aus einem Bericht (Gutachten) von Carl Robert Hoffman aus dem Jahre 1840 geht hervor, dass bis dahin der Abbau von

Steinkohle unbedeutend war. So wurden von 1836 bis 1840 jährlich durchschnittlich 1.700 t Steinkohle abgebaut. Im genannten Bericht wird ausdrücklich darauf verwiesen, dass 1 t annähernd 1 Dresdner Scheffel und damit ca. 100 kg Steinkohle bedeuten. Über weiteren Bergbau auf Steinkohle wurden bisher keine Unterlagen gefunden. Eine Besonderheit im Gebiet um Flöha war das Anlegen kleiner senkrechter Schächte statt Stollen. Konnte von den senkrechten Schächten keine Kohle mehr erreicht werden, wurden sie aufgegeben und in der Nähe ein neuer Schacht angelegt. Das erschien billiger als Stollen in den Berg zu treiben. Es deutet allerdings auch darauf hin, dass nur sehr oberflächennahe Kohle erreicht wurde.

1.2.7 Lugau-Oelsnitz

Wie bei allen Steinkohlelagerstätten wusste man am Anfang auch hier nicht, wie viele Flöze dieses Revier einmal zählen wird. Bergrat Frommert begann mit der Klassifizierung der Flöze und bezeichnete die anfänglich aufgefundenen „Flöze" mit A, B, C und D und aus diesem Grunde wurden die ersten kleinen Schächte ab 1844 auch als A-, B-, C- und D-Schächte bezeichnet. Es gab aber offenbar bald Zweifel darüber, ob z.B. das Flöz C nicht auch das Flöz A oder B sei und nur an einer anderen Stelle wieder ausstrich. Spätestens mit dem Abteufen der Schächte nach 1865 musste diese Systematisierung aufgegeben werden. Es wurden die Bezeichnungen eingeführt, die man heute in der Literatur vorfindet (7). Der offizielle Beginn des Bergbaus auf Steinkohle war 1844. 1831 soll vermutlich auch schon einmal Kohle gefunden worden sein. Unabhängig davon ist das Lugau-Oelsnitzer Steinkohlenrevier eines der jüngsten Steinkohlenreviere Mitteldeutschlands aber nach Zwickau das zweitgrößte Revier hinsichtlich der geförderten Rohkohle und erzeugten verwertbaren Förderung. Letztere betrug 145 Mio. t über einen Zeitraum von 127 Jahren.

Die Entwicklung des Reviers, die vollzogenen Vereinigungen und Konzentrationen bis schließlich zur Herausbildung des Steinkohlenwerkes Oelsnitz/Erzgeb. sind in (7) von R. Vogel ausführlich aufgezeichnet. Als Zentrum in diesem Vereinigungsprozess erwies sich der Kaiserin-Augusta-Schacht (Beginn des Abteufens:1869) und spätere Karl-Liebknecht-Schacht im Ortsteil Neuoelsnitz, der als Technisches Denkmal und Bergbaumuseum mit dem mächtigen Förderturm weithin sichtbar Zeuge dieser Zeit bleibt.

Zum Zeitpunkt seiner Erbauung um 1925 soll es die modernste Steinkohleförderanlage ganz Deutschlands gewesen sein. Die Kohlen im gesamten Revier waren vornehmlich Gasflammkohlen und leider für die Kokserzeugung grundsätzlich ungeeignet. Dennoch wurden zwei Kokereien errichtet, die aber jede nach 10-jähriger Existenz aufgeben mussten.

Das Revier erstreckt sich über mehr als 30 km², die aber nur von wenigen Flözen ausgefüllt wurden. Die Ausdehnung vieler Flöze ist wesentlich kleiner. Hauptflöz und Vertrauenflöz berühren sich in Bereichen, so dass Kohlemächtigkeiten bis zu 15 m anstanden. Im Revier ereigneten sich zwei große Unglücke. 1867 brach der als Neue Fundgrube in Lugau getaufte Schacht über eine Länge von mehr als 200 m zusammen. Da es keinen Fluchtweg (Fluchtschacht) gab, erstickten 101 Bergleute unter Tage. Dieser Schacht wurde ab 1869 aufgewältigt, parallel dazu ein 2. Schacht geteuft und die gesamte Anlage als Vertrauenschacht viele Jahrzehnte erfolgreich wieder betrieben. 57 Bergleute fanden 1921 im Friedensschacht den Tod durch eine Schlagwetterexplosion. Am 31. März 1971 wurde der letzte Hunt im Revier gefördert.

1.2.8 Zwickau

Das Zwickauer Revier war das Ertragreichste aller mitteldeutschen Reviere. Erstmalig urkundlich erwähnt wird der Bergbau auf Steinkohle 1348. Die letzte Tonne Rohkohle wurde am 29.09.1978 gefördert. Dazwischen gab es viele Pausen. Was aber ständig an die Kohlen im Untergrund erinnerte, war offenbar der untertägige Kohlenbrand. Ein Brand um 1500 wurde von Agricola beschrieben und ein 2. starker Brand wurde im 30-jährigen Krieg ausgelöst, als Ansässige aus Angst vor Plünderungen gewisses Hab und Gut in einer oder mehreren Gruben versteckten, was aber entdeckt wurde. Aus Vergeltung warfen die Plünderer Fackeln in die Grube(n). Es ist aber auch zu vermuten, dass über alle Jahrhunderte bis gegen 1900 ein gewisser Brandumfang immer gegeben war und die „Wetter" quasi unkontrollierbar durch den Untergrund strömten.

Zumindest einer Gärtnerei, die Bananen anbaute, kam die dadurch bedingte Wärme zu Gute. Im Zwickauer Revier wurden in etwa 230 Mio. t verwertbare Förderung erzeugt. Als Mischungskomponente eignete sie sich für die Verkokung zu Gießereischmelzkoks. Letzterer war in der DDR ein ausgesprochener Engpass. Um hochwertigen, schwefelarmen Gießereischmelzkoks möglichst ohne Devisen herstellen zu können, wurde die neue Aufbereitung „Martin Hoop IV" ab 1959 errichte (s.a. 4.2.).

Leider ereigneten sich auch im Zwickauer Revier schwere Unglücke. 1868 starben 20 und 1879 noch einmal 89 Bergleute bei einer Schlagwetterexplosion. Neuzeitlich verloren 1952 auf dem Martin-Hoop-Schacht IV 48 und 1960 im VEB Steinkohlenwerk Karl Marx 123 Bergleute ihr Leben in Folge eines Grubenbrandes, der auf Schlagwetterexplosion und Kohlenstaubexplosion zurück gehen soll. Im Zwickauer Revier wurden insgesamt 11 Flöze aufgefunden und abgebaut. Noch ein Rest von etwa 8 Mio. t ist übrig.

1.2.9 Manebach

In oder bei Manebach begann der Bergbau laut Wikipedia 1691 und hatte eine Blütezeit zwischen 1731 und 1768. Während dieses Zeitraums wurden jährlich etwa 5.000 t gefördert (1 Tonne war auch hier zu dieser Zeit zugleich ein Hohlmaß), was nach jetzigen Maßstäben etwa 135 t / Jahr entsprach. Bereits 1839 wurden alle Gruben geschlossen und Untersuchungen zu Kohlevorkommen eingestellt.

1.2.10 Stockheim

In oder bei Stockheim nahe der Grenze zu Thüringen wurde ab 1582 bis 1968 Bergbau auf Steinkohle betrieben. Im Ort Reitsch (oder Ortsteil Reitsch) wurde erstmalig die Grube „Zur Heiligen Dreyfaltigkeit" erwähnt. 1756 entdeckte man auf der Stockheimer Waldabteilung „Daxlöcher" Steinkohle, wonach in dieser Gegend ein wahres „Mutungsfiber" einsetzte. Mit der Grube St. Katharina hat sich der Steinkohlenbergbau in Stockheim bis 1968 gehalten. Die Lagerstätte soll auf zwei Flözhorizonten aufbauen und auch uranhaltige Kohle führen oder geführt haben. Von 1804 bis 1855 arbeitete man an einem 2,4 km langen Entwässerungsstollen. 1841 kam die erste Dampfmaschine zum Einsatz.

Auf den Steinkohlenbergbau in Stockheim hatte die Bayerische Landesregierung entscheidenden Einfluss. Es standen sich günstige und weniger günstige Gutachten über die anstehenden Vorräte gegenüber (15). Die ungünstigen und offenbar falschen Gutachten auf Seiten der Landesregierung und des Hauptfinanziers hatten um 1910 verheerende Folgen. Um aus dem vermeintlichen finanziellen Dilemma von unabsehbaren Zuschüssen (zeitlich wie betragsmäßig) weg zu kommen entschloss man sich, die soeben fertiggestellte Aufbereitung zu sprengen, um den Bergbau für alle Zeiten unmöglich zu machen. Die Rechnung ging aber nicht auf. Die Bevölkerung, wohl vor allem die ehemaligen Bergleute, nahmen den Bergbau bald wieder auf. Der Bergbau wurde bis 1968 auf der Grube St. Katharina erfolgreich betrieben. Allein nach 1916 wurden auf St. Katharina 1 Mio. t Steinkohle gefördert. Der Förderverein Bergbaugeschichte Stockheim/Oberfranken berichtet, dass im Jahre 2007 die Gemeinde Stockheim vom Bayer. Landesamt für Umwelt die Auszeichnung als Geotop für zwei ausstreichende Flöze an der ehemaligen Zeche St. Katharina erhielt.

1.2.11 Olbernhau (Rehefeld, Schönfeld)

Gemäß (16) u. (17) existierten im genannten Gebiet eine zusammenhängende oder mehrere kleine Steinkohlenlagerstätten. Zu nennen sind hier die Steinkohlen von Brandau bei Olbernhau, wo insgesamt vier Flöze mit anthrazitischer Steinkohle und bis zu 2 Meter Mächtigkeit existierten. Dafür wurde 1907 eine Seilbahn und eine Separation mit Kohlenwäsche und Brikettfabrik in Olbernhau-Grünthal eingerichtet. In einer Betriebszeit von 70 Jahren, von 1854 bis 1924 wurden immerhin über 700.000 t Kohle gefördert. In der Aufbereitung, deren Technologie leider unbekannt blieb, waren bis zu 50 Arbeitskräfte tätig. Im Tiefbau in Brandau (Brandov) waren es bis zu 200 Personen und am Ende hatte man dort drei Schachtanlagen.

Ca. 20 km östlich davon in Schönfeld wurden ebenfalls vier Flöze angetroffen. Der Beginn des Steinkohlenabbaus ist nicht ganz sicher. Wahrscheinlich ist 1761, 1671 wird aber auch angeführt (Zahlendreher?). Während der gesamten Betriebszeit sollen ca. 17.000 t Kohle gefördert worden sein, was gegen eine Aufbereitung (Wäsche) spricht. Unklar ist hierbei ferner, ob die Angabe über die Fördermasse bereits in heutige Tonnen umgerechnet wurde oder noch das Hohlmaß ist. Nur wenige Kilometer südlich von Schönfeld wurden zwei kleine Lagerstätten zwischen 1836 und 1847 entdeckt. Insgesamt wurden drei Flöze zwischen 1848 und 1861 sowie 1871 bis 1875 genutzt. Die Flöze wurden durch Stollen angefahren und betreffen Rehefeld/Zaunhaus.

1.3 Allgemeines zu den Gemeinsamkeiten und Besonderheiten

Im Rahmen der angestellten Recherchen fällt das insgesamt unterschiedliche Wissen über die Lagerstätten und den Bergbau darüber auf. Auch die Aufbereitung der Kohle spielt dabei eine recht unterschiedliche Rolle. Der Steinkohlenbergbauverein Zwickau e.V. hat in seinem Buch (1) die Aufbereitung im Zwickauer Revier umfangreich beschrieben. In Zwickau wurde die technologische Entwicklung der Aufbereitung und die Entwicklung des entsprechenden Maschinenbaus für den Steinkohlenbergbau Mittelsachsens entscheidend vorangetrieben. Auch durch die vielen Schachtanlagen im Lugau-Oelsnitzer Raum zieht sich die Aufbereitung wie ein roter Faden. Gemäß (18) sind allein im Zeitraum von 127 Jahren, der Existenz des Lugau-Oelsnitzer-Steinkohlenreviers, 36 Wäscheneubauten erfolgt. Umfangreiche Rekonstruktionen kommen hinzu. Diesbezüglich war man in „Oelsnitz“ wie auch in Zwickau sehr rege. Dem Döhlener Revier gebührt mit der Leistung von E.F.W. Lindig 1810 eine Pionierleistung mit der Anwendung der aus dem Erzbergbau bekannten Setztechnik auf das Waschen von Steinkohle. Bereits 1820 wurde dort auch das erste Steinkohlenwäschehaus errichtet. Danach kommen aus dem Revier aber kaum noch aufbereitungstechnische Impulse. Richtig spannend wird es leider erst wieder durch die Urangewinnung aus der im Freitaler Revier (vorm. Döhlen) geförderten Erzkohle. Die Verflechtung des Abbaus und der „Aufbereitung“ der Erzkohle für die Urangewinnung durch die „Wismut“ erschwert das Verständnis der dortigen Arbeiten besonders mit dem Blick auf die Aufbereitung der Steinkohle. Insgesamt hat aber jede Lagerstätte ihre Besonderheiten. Natürlich wundert man sich darüber, dass Steinkohlenbergbau im oberen Erzgebirge wie bei Olbernhau betrieben wurde. Bewegungen im Untergrund unseres Erdballs machten es offenbar möglich. Nahezu tragisch wirkt das Schicksal des Steinkohlenbergbaus und insbesondere das der Aufbereitung in Stockheim, wo ein Sprengkommando aus Ingolstadt bemüht wurde, dem Bergbau das Licht auszumachen. Eine neue Aufbereitung, kurz vor ihrer Inbetriebnahme, wurde gesprengt! Das erscheint einmalig. Im Rahmen dieser Recherche konnte nicht ermittelt werden, welche Technologie darin vorgesehen war. Auf schriftliche Anfrage gab die Regierung von Oberfranken, das Bergamt Nordbayern, zur Kenntnis, dass im Amt umfangreiches Material zum Bergbau in Stockheim vorliegt. Die bezüglich der Aufbereitung gestellten Fragen konnten aus Zeitmangel leider nicht beantwortet werden.

In Zwickau, Oelsnitz/Erzgeb., Freital (vorm. Döhlen), Olbernhau und Stockheim existieren Vereine, Museen bzw. ein Technisches Denkmal zur Pflege und Erinnerung an alte Zeiten. Dem Internet ist zu entnehmen, dass in allen Gebieten an der Aufarbeitung der Ereignisse während der Bergbauzeit gearbeitet wird, so dass mit weiteren Erkenntnissen, hoffentlich auch zur Aufbereitung und den Kohleeigenschaften, gerechnet werden darf.

2.0 Charakterisierung der Steinkohle

Zum Beginn des Bergbaus auf Steinkohle gab es noch keine einheitlichen Bezeichnungen für die Kohlen und auch noch keine analytischen Methoden zur Charakterisierung der Kohlen. Man sollte deshalb mit Bezeichnungen wie Anthrazit für vorgefundene Kohle im Mittelalter vorsichtig sein. Erst seit 1943 sind die Bezeichnungen für Korngrößenklassen in Deutschland einheitlich geregelt worden auch wenn sie nicht spontan überall in Deutschland eingeführt wurden. Hinsichtlich der chemischen Zusammensetzung sei auf DIN-Vorschriften für z.B. die Immediatanalyse (Kurzanalyse) und die Elementaranalyse hingewiesen. Für die Bestimmung der Verkokbarkeit u.a. gibt es ebenfalls genormte Methoden. In den Aufbereitungen geht es im Wesentlichen um die Einhaltung vertraglich vereinbarter Korngrößenklassen, vereinbarter Asche-, Wasser- und ggf. Schwefelgehalte sowie selbstverständlich der vereinbarten Liefermengen und -fristen. Offene Probleme aus diesem Bereich sind für den mitteldeutschen Steinkohlenbergbau nicht bekannt.

3.0 Zur Aufbereitung der Steinkohlen

3.1 Gemeinsamkeiten

Die Gemeinsamkeiten der Steinkohlenaufbereitung resultieren aus den anfänglich sehr bescheidenen Umfängen des Abbaus, den entwickelten Technologien sowie den physikalischen und physiko-chemischen Eigenschaften der Kohle.

Natürlich begann der Bergbau auf Steinkohle in allen mitteldeutschen Steinkohlenabbaugebieten aus heutiger Sicht sehr einfach. Die Bezeichnung „Revier" entwickelte sich erst im Laufe von Jahrzehnten. Zunächst konnte Kohle nur dort gewonnen oder abgebaut werden, wo die Kohle (das Kohlenflöz) an der Oberfläche ausstrich. Die Menschen merkten aber sofort, dass sich das „schwarze Gestein" in das Erdreich verlor und nachgegraben werden musste, was zu kleinen Gruben oder Stollen führte. Die Kohle gehörte dem Besitzer des Grundstücks und so begann der Bergbau auf Steinkohle meist im bäuerlichen Familienbesitz. Entsprechend gering waren die Fördermengen. Verwendet wurden vorerst die gröberen Stücke. Feinkörniges Material blieb nach Möglichkeit vor Ort, also in der Grube oder wurde bei Tageslicht entfernt.

Was aber nur unbefriedigend entfernbar war, war der feine bis feinste Kohlenstaub. Auf Grund seiner hydrophoben Eigenschaften blieb er auf fettiger Haut, im Haar und einmal getragener Wäsche hängen oder kleben. Ohne Seife und warmen Wasser war seine Entfernung schwierig bis unmöglich. Der Bergmann half sich, in dem er die für den Verkauf vorgesehenen Kohlen mit dem Wasserstrahl wusch und solange die Kohle feucht oder gar nass war, wirkte sie staubfrei. Der Staub klebte sich fest.

Die Kohle war zunächst interessant für die Heizung der Gebäude und für Schmiede. Die Schmiede erhoben wohl auch erste Qualitätsforderungen. Die Kohle sollte möglichst aschearm sein und eine gute Glut liefern, was auch sehr bald zu Verkokungsversuchen führte. Die dazu verwendeten Kohlen waren anfangs immer handverlesen (geklaubt). Die günstigen aber auch die ungünstigen Eigenschaften der Steinkohle sprachen sich herum und da man mit der Kohle Geld verdienen konnte, wuchs der Bedarf an aschearmer, sauberer Kohle in bestimmten Korngrößen.

Die Aufbereitung von mineralischen Rohstoffen, wozu selbstverständlich auch die Steinkohle zählt, ist ein weites Feld. Vertiefende Literatur findet sich über Jahrzehnte zurück. Viele Beispiele finden sich allein in deutscher Literatur, so in (5), (19), (20), (21), (22). H Schubert schreibt in (22): „Die mineralischen Rohhaufwerke sind polydispers, d.h. sie enthalten in Abhängigkeit von den Lagerstättenverhältnissen, den Abbau-, Gewinnungs- und Fördermethoden Teilstücke unregelmäßiger Form von annähernd null bis zu einigen hundert, manchmal sogar bis zu mehr als tausend Millimeter Größe. Diese bestehen gewöhnlich nicht nur aus einem Mineral, sondern als Folge der Entstehungsbedingungen der Lagerstätte aus mehreren Mineralen, die sehr unterschiedlich miteinander verwachsen sein können. Vielfach machen die Wertstoffe volumen- und massemäßig nur den kleineren Anteil aus. Aber auch dann, wenn das nicht zutrifft, sind die Rohhaufwerke nur selten für die unmittelbare Verwertung oder Weiterverarbeitung in anderen Industriezweigen geeignet, weil an die Absatzprodukte Güteanforderungen gestellt werden die sowohl die stoffliche Zusammensetzung als auch die physikalischen Eigenschaften betreffen. Deshalb sind im Aufbereitungsbetrieb im allgemeinen zwei wesentliche Zielstellungen zu realisieren:" Diese beiden Zielstellungen sind, stark gekürzt, eine Anreicherung der im Rohhaufwerk enthaltenen nutzbaren Komponenten und die Erfüllung bestimmter physikalischer Eigenschaften, wie z.B. in der Körnung. Für die Anfänge im mitteldeutschen Steinkohlenbergbau galt folgendes: Lieferung einer aschearmen Kohle meist > ca. 10 mm und möglichst ohne Staub. Solange es sich um geringe Mengen handelte, konnte der Bergmann oder seine Familienmitglieder die Kohle auslesen (klauben). Das ausgeförderte wertlose Gestein, prozentual gering, warf man auf Halde. Um Feingut gleich unter Tage zu behalten, verwendete der Bergmann spezielle Harken mit wenigen Zinken im weiten Abstand. Damit wurde nur das grobe Haufwerk abgerecht. Da aber die Anforderungen hinsichtlich der verkaufbaren Massen wuchsen und Geld immer benötigt wurde, verlagerte sich das Aushalten von taubem Gestein und feinerem Material recht schnell nach über Tage. Hinzu kam die Erkenntnis, dass die feineren Teilchen in der Grube Brände nähren oder gar verursachen würden (was leider auch stimmt). Der Fehler ist vermutlich gering, wenn man die Mitte des 19. Jahrhunderts als den Beginn für die mechanische Steinkohlenaufbereitung in Mitteldeutschland nennt. Zwar hatte E.F.W. Lindig, wenn auch manuell, bereits 1810 das Stauchsetzen erfolgreich angewendet, um die Kohlenqualität besser ausschöpfen zu können und 1820 im selben Revier an der Wiederitzsch ein Wäschehaus von 8.5 x 20 m errichten lassen, doch weiter ging man in diesem Revier nicht. In dem Wäschehaus konnte nur manuell, aber unabhängig von der Witterung gearbeitet werden.

Die Entwicklung der Aufbereitungstechnik lag schwerpunktmäßig im Zwickauer Revier. Dort wurde sie quasi auch aus erster Hand angewendet. Das Lugau-Oelsnitzer Revier, erst 1844 eröffnet, war aber ab etwa 1870 der mechanischen Aufbereitung gegenüber durch viele Neubauten (36 bis zur Einstellung 1971) und Rekonstruktionen sehr aufgeschlossen.

Über den Entwicklungsstand bis zur endgültigen Schließung der größeren Reviere Döhlen/Freital, Lugau-Oelsnitz und Zwickau wird im letzten Abschnitt berichtet.

Die Entwicklung der mechanischen Aufbereitung in Mitteldeutschland kann man wie folgt verallgemeinern:
- Einführung der Fluterwäschen vor 1860
- Technologie nach Friesner ab ca. 1865
- Technologie nach Lührig ab ca. 1875
- Technologie der Königin Marienhütte in Cainsdorf bei Zwickau ab ca. 1888
- Technologie nach Baum/Westfalen ab ca. 1905
- Technologie der Fa. Carlshütte, Waldenburg/Altwasser, Oberschlesien ab ca. 1912
- Technologien des Projektierungs- und Konstruktionsbüro Kohle Zwickau in Zusammenarbeit mit dem FIA Freiberg ab ca. 1960

3.1.1 Fluterwäschen:

Sie wurden bei den Recherchen nur in den Revieren von Zwickau und Lugau-Oelsnitz vorgefunden. Für ihre Einführung bzw. Anwendung im Steinkohlenbergbau werden zwei Möglichkeiten gesehen. Sehr wahrscheinlich sind sie eine eindeutige Anwendung der bereits von Agricola beschriebenen Erzwäschen in entsprechenden Gerinnen. Wenn das so ist, gebührt dem Erstanwender der gleiche Ruhm wie E.F.W. Lindig! Möglicherweise lag dieser Zeitpunkt sogar wesentlich früher, Die Fluterwäschen waren Sortierapparate, mit denen viele 100.000 t Steinkohle sortiert, also aufbereitet wurden. Ihre Weiterentwicklung bis zu einer gewissen Perfektion erfuhren diese Rinnenwäschen mit den von H. Kirchberg (23) beschriebenen Cascadynwäschen.

Eine andere Art der Einführung könnte sich aus der Entfernung des lästigen Staubes aus der geförderten Rohkohle in Zwickau ergeben haben. Um den Staub zu entfernen, wurde die geförderte Rohkohle zunächst in einem nahen gelegenen Graben gespült und später ausgeschaufelt. Dabei merkte man, dass die Berge von den Kohlen mehr oder weniger getrennt lagen. Der gedankliche sowie praktische Schritt vom Graben zum geneigten Gerinne ist nicht weit. Die Fluterwäschen bestanden aus flach geneigten rechteckigen Gerinnen, die in bestimmten Abständen erweitert waren. Diese Fluter (Gerinne) wurden sehr wahrscheinlich mit auf Durchwürfen vorklassierter Rohkohle manuell beschickt und die Rohkohle dann mit Wasser fortgespült. In Abhängigkeit von der Geschwindigkeit des Wassers, der Korngröße und der Dichte der einzelnen Teilchen setzten sich die Fluter allmählich zu und mussten ausgeschaufelt werden. Kohle und Berge setzten sich dabei aber an verschiedenen Stellen ab und konnten so getrennt (sortiert) werden. An einer Fluterwäsche arbeiteten z.B. bis zu 20 Arbeiter in einer Schicht (18). Die Fluterwäschen wurden allmählich durch die Setztechnik verdrängt. Sie hielten sich im Zwickauer Revier (Fa. C.G. Kästner in Bockwa bis etwa 1900) länger als im Lugau-Oelsnitzer Revier. Wann in etwa die Fluterwäschen und durch wen sie aufkamen, blieb leider unbekannt.

3.1.2 Technologie nach Frießner:

Diese Technologie kam etwa ab 1865 in Zwickau auf. Sie löste den Durchwurf und z.T. auch die Fluterwäschen ab. Die Förderkohle wurde rotierenden Trommelsieben aufgegeben, die Stückkohle (> 80 mm), Würfel (35 bis 80 mm), Knörpel (15 bis 35 mm), Nusskohle (10 bis 15 mm) und Klarkohle (< 10 mm) erzeugten. Stückkohle und Würfel rutschten über entsprechend geneigte Rutschen auf Lesetische oder auf sich drehende Klaubetische. Die dort stehenden Arbeiter hatten Unbrennbares oder stark mit Unbrennbarem durchsetzte Kohlen auszulesen. Das so abgetrennte Wertlose ging auf Halde und das Brennbare wurde verkauft. Klarkohle, Nusskohle und Knörpel führte Frießner den Sieverschen Setzmaschinen zu.

Die Sieverschen Setzmaschinen erforderten noch erheblich viel manuelle Arbeit. Man kann ableiten, dass das Drahtsieb, in welches das Kohlenklein eingefüllt wurde, Abmessungen von ca. 80 cm Länge x 60 cm Breite und 30 cm Höhe hatte. In 13- stündiger Schicht sollen 30 bis 40 Scheffel (bis etwa drei Tonnen nach heute gültigem Maßsystem) aufbereitet worden sein. Man sollte sich ferner immer vor Augen halten, dass es Elektroenergie im Bergbau erst ab etwa 1900 gab. Die rotierenden Trommelsiebe wurden anfangs mittels Wasserkraft und später von Dampfmaschinen über Transmissionen angetrieben.

Logisch ist, dass die erste bemerkenswerte Technologie dennoch Mängel besaß. Sie lagen in der nicht vorhandenen Behandlung des Feinstkorns (des Staubes) und in der geringen Produktivität der Setzmaschinen. Noch vor 1880 bewährte sich dann die Technologie nach Lührig.

3.1.3 Technologie nach Lührig:

Nach dem Lührig'schen Prinzip wurde die Förderkohle auf einem Stabrost (z.B. Briart'sches Stabrost) bei 80 mm klassiert. Die Stücke >80 mm gingen wie auch bei Frießner auf einen Klaubetisch. Hier wurde in reine Kohle, Durchwachsenes und reine Berge getrennt. Reine Stückkohle konnte verkauft werden und die reinen Berge gingen auf Halde. Das Durchwachsene wurde mit Quetschwalzwerken zerkleinert, mit dem Stabrostdurchgang vereint und auf Trommelsieben bei 6 mm abgesiebt. Das Gut < 6 mm strömte zur Entschlämmung über Rittingersche Spitzkästen und danach in Kolbensetzmaschinen. Letztere arbeiteten mit einem Feldspatbett. Es entstand mit Hilfe der Kolbensetzmaschine eine entschlämmte Feinkohle < 6 mm sowie Kohlenschlamm als Überlauf der Spitzkästen, den man auf Schlammteiche spülte und entwässerte. Die Rohkohle zwischen 80 und 6 mm trennte eine Kolbensetzmaschine in Kohle und Berge. Der Aschegehalt (Glührückstand) in den Verkaufssorten soll 5 bis 6 % betragen haben. Lührig wird zugeschrieben, dass er mit der von ihm entwickelten Technologie die für den Steinkohlenbergbau im Vergleich zum Erzbergbau notwendigen höheren Massenströme realisieren konnte. Wiederum ein Jahrzehnt nach „Lührig" setzte sich die Technologie der Königin-Marienhütte in Cainsdorf bei Zwickau durch.

3.1.4 Technologie der Königin-Marienhütte Cainsdorf

Während bei Lührig nur bei 80 und 6 mm vorklassiert wurde vertrat man hier die Ansicht, dass enges Vorklassieren günstiger für den Trennerfolg auf Setzmaschinen ist.

Klassiert wurde bei 80, 30, 18, 10 und 3 mm. Damit stiegen aber auch die Investitionen für eine Aufbereitung hinsichtlich Ausrüstungen, Antriebskraft, erforderliche Räume, Personal u.a. Die Vorklassierung bei 3 mm war besonders problematisch und unscharf.

Somit war es nur folgerichtig, dass eine an Ausrüstungen weniger umfangreiche Aufbereitung auf Umsetzung in die Praxis hoffen durfte. Diesbezüglich schien die Technologie nach Baum/Westfalen die günstigere zu sein.

3.1.5 Technologie nach Baum/Westfalen: (ab etwa 1905)

Hier herrschte wieder bezüglich des Sortierens, der Trennung der möglichst reinen Kohle von den Bergen, die Auffassung vor, dass nur bei 80 und 10 mm vorklassiert wird. Das Gut < 10 mm ging auf eine luftgepulste Baum'sche Setzmaschine mit Feldspatbett und die Kornspanne von 10 bis 80 mm auf eine Baum'sche Setzmaschine für Grobkorn. Um die Kohlen in den vereinbarten Korngrößenklassen liefern zu können, wurden die gewaschenen Kohlen erst nach dem Sortierprozess auf Rättern oder anderen geeigneten Siebmaschinen klassiert und verladen.

Ein offenbar strittiger Punkt war die Frage, welcher Aschegehalt (oder Glührückstand) durch die Aufbereitung der Kohle überhaupt erreichbar ist. Selbstverständlich konnten die Schachtanlagen, die Aschegehalte von 5 bis 6 % in den zum Verkauf angebotenen Produkten gewährleisteten, gute Preise erzielen. Es gab aber offenbar Hinweise, dass wechselnder Bergeanteil in der geförderten Rohkohle Probleme im Hinblick auf die Leistung der Baum'schen Setzmaschine verursacht und zu Überschreitungen der vertraglich vereinbarten Aschegehalte führten oder führen könnten. Dagegen setzte die Fa. Carlshütte in Waldenburg/Altwasser in Oberschlesien und konnte sich im mitteldeutschen Steinkohlenbergbau einbringen.

3.1.6 Technologie der Fa. Carlshütte, Waldenburg/Altwasser, Oberschlesien

Die Carlshütte lag mit ihrer Technologie zwischen der der Königin-Marienhütte Cainsdorf und der Baum'schen Ansicht. Es wurde eine Vorklassierung bei ca. 30 mm, zusätzlich zu der bei 80 und 10 mm, eingeführt. Im Bereich > 10 mm ersetzte man die Baum'schen luftgepulsten Setzmaschinen durch Kolbensetzmaschinen. Die Technologien nach Baum und der Carlshütte überschnitten sich anfänglich. Ab ca. 1910 dominierte die Carlshütte. Die Carlshütte bot selbstverständlich auch Setzmaschinen für die Sortierung von Feinkohle an. Die Setzmaschinen waren auch vom Typ Brauns.

3.1.7 Technologien des Projektierungs- und Konstruktionsbüro Kohle Zwickau in Zusammenarbeit mit dem FIA Freiberg

Die vom VEB PKB Kohle in Zwickau zwischen 1955 und 1960 entwickelten Technologien basierten auf den bis dahin entwickelten und auf dem Markt befindlichen Apparaten und Maschinen. Sie fanden ihren Niederschlag in den Aufbereitungen des Martin-Hoop-Werkes IV bei Zwickau und in der Aufbereitung des VEB Steinkohlenwerkes Oelsnitz. Im Falle von Martin-Hoop IV, wo es um ein besonders hohes Ausbringen an schwefelarmer, verkokbarer Kohle ging, wurden grundlegende Voruntersuchungen im FIA Freiberg ausgeführt. Die realisierten Technologien sind weiter unten beschrieben.

3.1.8 Entwicklung/Bau von Ausrüstungen:

Parallel zur technologischen Verbesserung der Steinkohlenaufbereitung kamen insbesondere für die als Schwerpunkte erkannten Prozesse ständig verbesserte Ausrüstungen auf den Markt. Schwerpunkte waren:
- Klassierung der geförderten Rohkohle bei 80 mm
- Konstruktion der Setzmaschinen
- Abtrennung der Teilchen von < ca. 1 mm aus der Rohkohle
- Entschlämmung des Waschwassers
- Anpassung der Ausrüstungen an höheren stündlichen Durchsatz

Technologische Verbesserungen/Weiterentwicklungen setzten vornehmlich auf leistungsfähigere Maschinen und Apparate. Das Vor- oder erste Klassieren der Rohkohle, meistens bei 80 mm, musste besonders robust sein, denn der Inhalt eines Huntes/Förderwagens betrug ca. 1.000 kg, der über eine steile Rutsche mehr oder weniger auf einmal zu klassieren war. Dieser plötzlichen Masseveränderung waren die zu Beginn der Steinkohlenaufbereitung bekannten Trommelsiebe nur ungenügend gewachsen. Es kamen die Roste auf. Diese waren der plötzlichen Belastung zwar weitestgehend gewachsen, neigten in den ersten Entwicklungen (z.B. Briart'scher Rost) aber stärker zu Verstopfungen, was Anhalten der Förderung bedeutete und natürlich ärgerlich war. Diese Entwicklungskette endete im mitteldeutschen Steinkohlenbergbau mit dem Aufkommen der Distl-Susky-Roste um 1895. Diese waren robust und arbeiteten störungsfrei.

Der Bau von Setzmaschinen erfolgte bis kurz vor dem 1.Weltkrieg durch die Königin-Marienhütte in Cainsdorf. Für die Ausrüstungen der Aufbereitungen nach dem 1.Weltkrieg konkurrierten schwerpunktmäßig entsprechende Firmen des Ruhrgebietes und Oberschlesiens miteinander.

Es existierten sowohl die luftgepulsten als auch die Kolbensetzmaschinen im mitteldeutschen Steinkohlenbergbau. Obgleich sich jeder Bergmann und auch jeder Aufbereiter eine verlustärmere Sortierung der Rohkohlen gewünscht hätte, der problemreichste Schwerpunkt innerhalb der Aufbereitungstechnologie war die Setztechnik oder die Trennung nach der Dichte nicht (siehe hierzu aber neue Aufbereitung Martin-Hoop IV in Zwickau).

Große Probleme bereiteten den Verantwortlichen immer die Abtrennung des Staubes aus der geförderten Rohkohle im Zusammenhang mit der Waschwasserklärung. Sofern eine Windsichtung vorhanden war, gelangte dennoch aller Staub, der mittels Windsichtung nicht aus der Rohkohle entfernt werden konnte (bis etwa 50 %), ins Waschwasser. Für die Entfernung der feinen Teilchen, in aller Regel < 1 mm, waren Scheibenfilter, seltener Trommelfilter, installiert. Der von den Filtern nicht abgetrennte Feststoff gelangte als Filterschlamm in eine Außenklärung. Zur Außenklärung zählten gemauerte oder betonierte Absetzbecken z.B. für die Abgabe von Schlamm in die Grube und sogen. Auflandeteiche (50x50 m oder auch größer), die dem Sedimentationsprozess die nötige Zeit einräumten. Das aus den Auflandeteichen abfließende Wasser wurde in aller Regel zurück in den Aufbereitungsprozess gepumpt. Stichfest entwässerte Teichfilterkohle wurde gern im betriebseigenen Kesselhaus und somit auch zur Planerfüllung eingesetzt.

Grundsätzlich anders erfolgte die Abtrennung der Teilchen < ca. 1 mm, wenn es sich um verkokbare Kohle handelte. Solche lag in Zwickau und Freital (Döhlen) vor. Die Schlämme wurden flotiert und die gewonnene Feinstkohle der zur Verkokung gelangenden Feinkohle zugeschlagen. Kokskohle wurde wesentlich besser bezahlt als der im werkseigenen Kesselhaus verfeuerte Brennstoff. Dieser bestand meist aus dem minderwertigen Kohlenstaub von der Windsichteranlage und der Filterkohle sowohl direkt vom Scheibenfilter als auch aus den Teichen der Außenklärung. Der hohe Preisunterschied zwischen der mittels Flotation gewonnenen Feinstkohle für die Verkokung und dem minderwertigen Kesselbrennstoff rechtfertigte den höheren apparativen und insgesamt finanziellen Aufwand für die Anwendung der Flotation. Die Steinkohle ist durch ihre hydrophoben Eigenschaften ein gut flotierbares Mineral. Sie wurde kurz nach 1920 in Zwickau und Freital/Döhlen eingeführt und hielt sich dort mit entsprechenden Veränderungen bis zum Ende des Standortes (Zwickau) bzw. dem Verdrängen durch die Aufbereitung der Erzkohle in Freital. Literatur zur Flotation gibt es reichlich (5), (22), (23).

3.2 Besonderheiten

Die Besonderheiten der einzelnen Lagerstätten resultieren aus den Besonderheiten der Moore und Torfe, die sich vor Jahrmillionen bildeten. Zwar waren alle Moore limnischen Ursprungs, aber die Örtlichkeiten waren spezifisch. Dazu gehören die konkrete Flora, der Zeitraum der Moorbildung, welche Wässer flossen aus den höher liegenden Ufern in oder über die Moore, welche Mineralien waren in ihnen gelöst und welcher Art waren die Lösungen, welches Klima war vorherrschend, welche Temperaturen kamen aus dem Inneren der Erde und v.a.m. Heute, oder in den zurück liegenden Jahren des Steinkohlenaubbaus und ihrer Aufbereitung äußerten sich alle diese Umstände darin, dass die jeweilige Lagerstätte von Gasflammkohlen, Fettkohlen, Anthrazit o.a. geprägt wurde. Unterschiedliche Aschengehalte bzw. Glührückstände, wechselnde Stärken an tauben oder kohlenstoffarmen Zwischenmitteln und Bergeanteile machten die Lagerstätten unterschiedlich wertvoll und aufbereitbar.

Wie schon weiter oben erwähnt, nutzte der Bergmann oder später der Aufbereiter den Zusammenhang zwischen der Dichte und dem Aschegehalt

(Glührückstand) für die Abtrennung der unverkäuflichen Beimengungen in der Rohförderung. Sehr wesentliche planerische Grundlagen für die zu wählende Technologie in der Aufbereitung sind die Kenntnisse über die Verwachsungsverhältnisse und die Korngrößenverteilung der geförderten Rohkohle. Da diese Eigenschaften (Verwachsungsverhältnisse und Korngrößenverteilung) von Flöz zu Flöz und selbst innerhalb eines Flözes schwanken, sind auch Schwankungen in den Endprodukten der Aufbereitungen unvermeidbar.

4.0 Zu den Technologien der Aufbereitungen in den Revieren von Freital/Döhlen, Zwickau und Lugau-Oelsnitz/Erzgeb.

4.1 Die Freitaler oder Döhlener Wäsche:

Die Döhlener Wäsche hatte den Charakter einer Zentralaufbereitung für das bis zum 2. Weltkrieg stark geschrumpfte Freitaler Kohlenrevier. Sie verfügte über einen Kohlelagerplatz, von dem die Rohkohle mittels Greifer aufgenommen und wie die Rohkohle aus dem Förderschacht der Paul-Bernd-Grube einem Distl-Susky-Rost [1] aufgegeben werden konnte.

---

[1] *Anmerkung: Es werden am Ende der gesamten Schilderungen, also auch nach denen über die Aufbereitungen in Oelsnitz/E. und Zwickau Bilder der genannten Maschinen und Geräte gezeigt.*

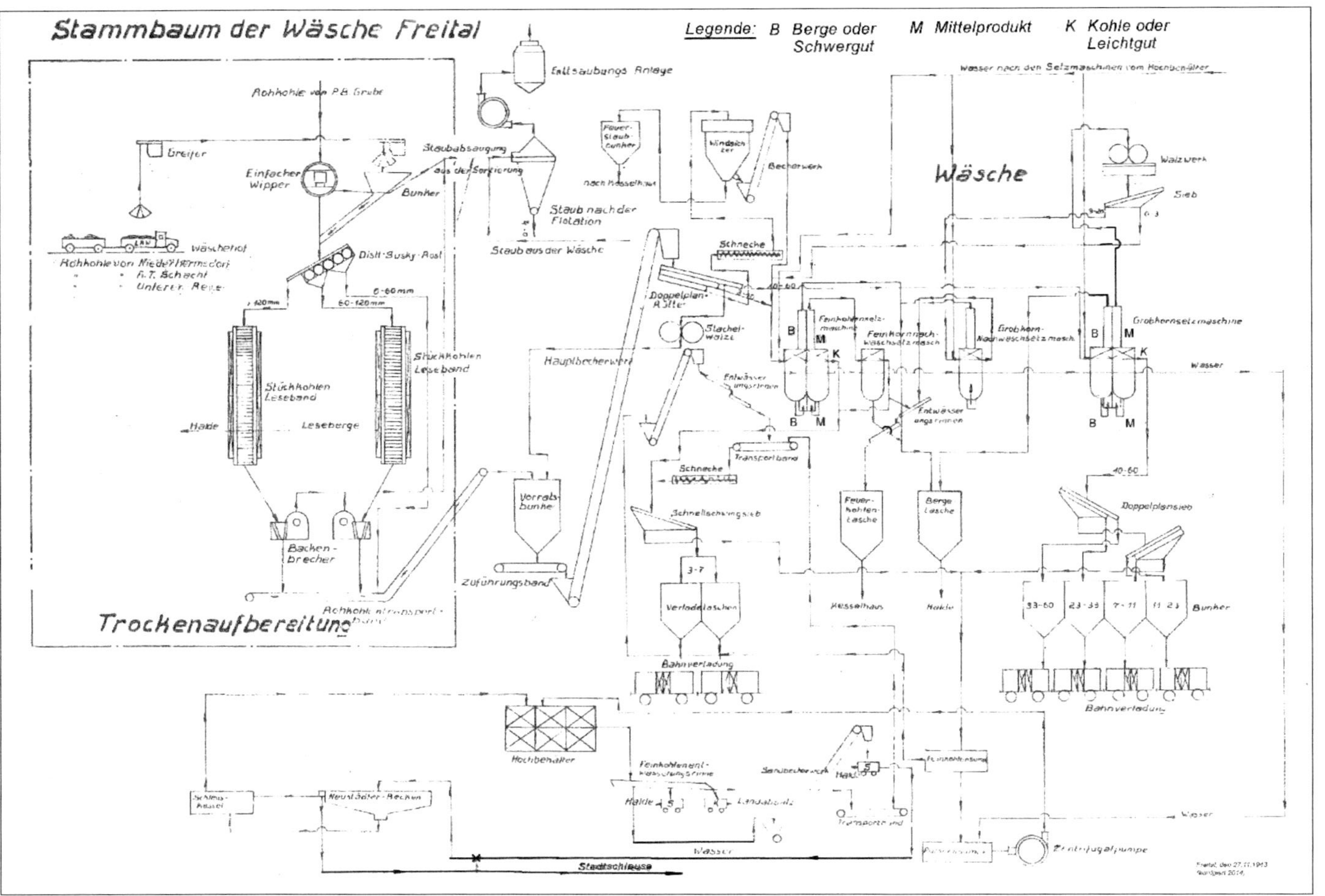

Stammbaum der Wäsche Freital
Legende: B Berge oder Schwergut   M Mittelprodukt   K Kohle oder Leichtgut
Trockenaufbereitung
Wäsche
Rohkohle von P.B. Grube
Greifer
Einfacher Wipper
Bunker
Distl-Susky-Rost
Wäschehof
Rohkohle von Niederhermsdorf
A.T. Schacht
Unterer Reye
Halde
Stückkohlen Leseband
Stückkohlen Leseband
Leseberge
Backenbrecher
Rohkohlentransportband
Zuführungsband
Vorratsbunker
Fallsaubungs Anlage
Staubabsaugung aus der Sortierung
nach Kesselhaus
Staub nach der Flotation
Staub aus der Wäsche
Feuer-Staub-Bunker
Windsichter
Becherwerk
Doppelplan-Roste
Stachelwalze
Hauptbecherwerk
Schnecke
Entwässerungsrinnen
Entwässerungsrinnen
Transportband
Schnecke
Schnellschwingsieb
3-7
Verladetaschen
Bahnverladung
Feuerkohlen-Tasche
Bergetasche
Kesselhaus
Halde
Wasser nach den Setzmaschinen vom Hochbehälter
Walzwerk
Sieb
Feinkohlensetzmaschine
Feinkohlennachwäschsetzmasch.
Grobkohlennachwäschsetzmasch.
Grobkohnsetzmaschine
B M K
B M
B M
Wasser
40-60
Doppelplansieb
33-50 23-33 7-11 11-23 Bunker
Bahnverladung
Hochbehälter
Feinkohlenentwässerungsrinne
Schubecherwerk
Halde
Halde 5
Landeband
Feinkohlenlöschung
Transport und
Zentrifugalpumpe
Wasser
Schlamm-Absetz
Neutralisier-Becken
Stadtschleuse
Freital, den 27.11.1943
Warlyber 2014
33

Die Beschreibung der Technologie der Aufbereitung erfolgt im weiteren Verlauf an Hand des auf den vorangegangenen Seiten beigefügten Stammbaums aus Archivunterlagen des Steinkohlenwerkes Freital aus dem Jahre 1943 [2]. Die 1. Vorklassierung führte hier zu drei Korngrößenklassen: > 120 mm, 120 bis 60 mm und < 60 mm. Die beiden groben Korngrößenklassen gingen jeweils auf ein Leseband. Hier wurden Stückkohle (Versand bzw. Abgabe im Landabsatz) und taubes Gestein (Berge) als Endprodukte erzeugt. Verwachsenes zwischen Kohle und Bergen wurde je nach Stückgröße im Backenbrecher auf < 60 mm zerkleinert. Alle Rohkohle < 60 mm vereinte sich im Vorratsbunker, um von dort über Zuführungsband und Becherwerk einer weiteren trockenen Vorklassierung zugeführt zu werden. Ein Doppelplanrätter erzeugte vier Korngrößenklassen: > 60 mm, 10 bis 60 mm, 3 bis 10 mm und < 3 mm.

Der hier als Trockenaufbereitung umrissene erste Teil der Aufbereitung wurde vielerorts auch Trockenseparation genannt. Das Gut > 60 mm ging nach Zerkleinerung in einem Stachelwalzwerk zurück in den Vorratsbunker, um erneut in den Kreislauf zu gelangen. Für die Sortierung der Korngrößenklasse 10 bis 60 mm waren eine Grobkornsetzmaschine und für die Kornspanne von 3 bis 10 mm eine Feinkornsetzmaschine installiert. Für die in diesen beiden Setzmaschinen erzeugten Mittelprodukte stand je eine Grobkorn- und eine Feinkornnachwaschsetzmaschine zur Verfügung. Die Austräge der Grobkornsetzmaschine waren einerseits die groben Waschberge (10 bis 60 mm) und das Leichtgut (Waschkohlen), das auf einem Nachklassiersieb (hier ein Doppelplansieb) entwässert und in die Nusskohlen 10-18 mm, 18-30 mm, 30-50 mm und 50-80 mm aufgetrennt wurde. Die Korngrößenklassen für die Nusskohlen wurden erst 1943 deutschlandweit vereinheitlicht, so dass dafür auch in Freital noch andere Bezeichnungen üblich waren wie Große Würfel. Kleine Würfel, Schmiedekohle und Perlkohle. Um in Lieferverträgen vereinbarte Über- und Unterkornanteile in den

---

[2] *Anmerkung: Der hier wiedergegebene Stammbaum stammt aus dem Archiv des Steinkohlenwerkes Freital und musste geringfügig geändert werden. Die Änderung betrifft die Austräge der Grobkorn- und Feinkornsetzmaschine. Eine zweibettige Setzmaschine trägt immer zuerst die Berge und danach das Mittelprodukt aus. Der Überlauf einer Setzmaschine ist immer das Leichtgut. Leider wurde das im Original oder beim Abzeichnen vertauscht. Diese Mängel sind auch in (4) enthalten.*

jeweiligen Verkaufsprodukten einhalten zu können, waren die im Nachklassiersieb eingebauten Siebbeläge mit ihren Öffnungsweiten jeweils etwas größer oder kleiner. Das in der Feinkornsetzmaschine abgezogene Mittelprodukt gelangte unmittelbar zur Feinkornnachwaschsetzmaschine und wurde von dieser in Leichtgut und Waschberge getrennt. Der Glührückstand dieses Leichtgutes war aber logischerweise für das Zumischen zur Feinkohle zu hoch. Es wurde in eine sogenannte Feuerkohlentasche gefördert und offenbar im werkseigenen Kesselhaus verfeuert. Das Mittelprodukt der Grobkornsetzmaschine gab man einem Stachelwalzwerk auf und zerkleinerte es auf < 20 mm. Die Grobkornnachwaschsetzmaschine trennte also Material < 20 mm in Leichtgut und Waschberge. Das Leichtgut wurde wie das der Feinkornnachwaschsetzmaschine auf einem Schwingsieb entwässert und der Feuerkohlentasche zugeführt. Die Rohkohle < 3 mm übergab eine Förderschnecke einem Windsichter zur Entstaubung. Das grobe Material aus dem Windsichter wurde wie die Korngrößenklasse 3 bis 10 mm in die Feinkornsetzmaschine gespült. Der Sichterstaub ging in den Feuerstaubbunker und von dort ins betriebseigene Kesselhaus.

Die Flotation: Schon im 19. Jahrhundert war bekannt, dass die Döhlener Kohle zu brauchbaren bis sehr guten Koks verarbeitbar ist. So versuchte man in den 30er Jahren des 20. Jahrhunderts mit der Installation einer Flotation den feinsten Teil der Feinkohle, der sich in der Raumentstaubung und eventuell im Waschwasser anreicherte, noch zu gewinnen. Da die Platzverhältnisse innerhalb der Aufbereitung den Aufbau einer Flotation nicht erlaubten, wurde dafür ein separates Gebäude errichtet. Einzelheiten sind hier nicht bekannt, weshalb die Flotatiostechnologie nur allgemein geschildert werden kann. Da Steinkohle in aller Regel sehr gut flotierbar und vor allem spezifisch leicht ist, können Teilchen bis 1 mm und teilweise auch noch etwas gröber im Schaum an der Oberfläche einer Flotationszelle angereichert und so gewonnen werden. Bis es soweit ist, muss zunächst alle für die Flotation vorgesehene Rohfeinstkohle (hier abgesaugter Staub aus der Raumentstaubung) zu einer Trübe mit einer einigermaßen konstanten Trübedichte angerührt werden. Meistens wurden dabei auch bestimmte Öle zugegeben, weil sich dadurch die Kohleteilchen besser an die später in der Flotationszelle erzeugten Luftbläschen anhaften. Anschließend fließt diese Trübe den Flotationszellen zu. Die Zellen mit einem zur damaligen Zeit gängigem Fassungsvermögen von 1 bis 2 m³ waren im Wesentlichen Rührwerke, in die über die hohle Rührerwelle Luft eingesaugt und zu feinen Bläschen in der Trübe verteilt wurde. An die Bläschen hingen sich die hydrophoben Kohleteilchen an und gelangten so in die Schaumschicht an der Oberfläche der Zelle. Zur Unterstützung des Anhaftens an die Luftbläschen gab man auch in den Zellen nochmals Reagenzien zu, bei der Steinkohle hier in Freital nur bestimmte Öle. Die Bergeteilchen verblieben in der Trübe am Boden der Rührwerkszelle und gelangten dadurch in einen eigenen Klärkreislauf. Schwieriger war die Abtrennung der Kohle aus den Schaumbläschen. Die Bläschen wurden mit Wasser zerstört und das entstandene Feststoff-Wasser-Gemisch zunächst wieder eingedickt. Den Dickschlamm entwässerte man zur Gewinnung der Feinstkohle dann mit Filtern. Üblich waren für diese Zwecke in den Steinkohlenaufbereitungen Scheibenfilter. Die Filterkohle wurde dann mit der übrigen zur Verkokung bestimmten Feinkohle vermischt und als Kokskohle verkauft. Der Staub aus der Raumentsaubung wurde dann später, als die Flotation nicht mehr arbeitete, ins werkseigene Kesselhaus als Brennstoff geliefert. Das war im Wesentlichen ein Verlust an Erlösen, weil Kesselbrennstoff viel geringere Einnahmen für das Steinkohlenwerk brachte als Kokskohle, auch wenn dadurch das Ausbringen etwas stieg. Nach Unterlagen von S. Stute (24) könnte die gesamte Flotationsanlage vom Krupp-Gruson-Werk Magdeburg geliefert worden sein. Es wurden mit ihr täglich ca. 20 t Kokskohle gewonnen.

In jeder Steinkohlenaufbereitung bildete die Klärung aller für den Aufbereitungsprozess benötigten Wässer einen Schwerpunkt. Dafür wurde auch häufig der Begriff der Schlammklärung verwendet. Zunächst wurden sämtliche mittels der Setzmaschinen erzeugten Endprodukte entweder von Sieben oder in Bunkern entwässert. Alle so zurück gewonnenen Wässer waren logischerweise noch mit Kohlen- und Bergeteilchen mehr oder weniger belastet. Der zunächst noch dünne Schlamm floss in einen Feinkohlensumpf und dessen Überlauf über einen Pumpensumpf zwei Waschwasserpumpen zu, die zusammen etwa 15 m³/Min in ein Hochbassin pumpten. Das Hochbassin hatte 6 Klärspitzen. In den Klärspitzen sammelte sich der gesamte abgesetzte Feststoff, der von Zeit zu Zeit als Schlamm, z.T. mit Hilfe von Pressluft, abgezogen werden musste. Im vorliegenden Stammbaum erfolgte die weitere Entwässerung auf einer Feinkohlenentwässerungsrinne. Der

Rinnenüberlauf gelangte auf das Schwingsieb, mit dem auch der Kohleaustrag der Feinkornsetzmaschine entwässert wurde, somit in die Feinkohle und mit ihr zum Verkauf oder zurück in den Feinkohlensumpf. (Für die Entwässerung der Schlämme waren im Steinkohlenbergbau i.a. Scheibenfilter üblich. Warum diese hier nicht installiert waren, blieb unklar.) Der Entwässerungsrinnendurchgang wurde geteilt. Ein Teil ging mittels Hunten auf die Bergehalde und der etwas kohlereichere Rinnendurchgang in den Landabsatz. Aus dem Hochbassin floss das so geklärte Wasser als Ober- und Unterwasser den verschiedenen Setzmaschinen wieder zu. Dieses Wasser war noch nicht feststofffrei aber für den Wasserkreislauf ausreichend gereinigt.

Mit den zum Versand kommenden Nuss- und Feinkohlen geht Wasser verloren, denn die geförderte Rohkohle ist trockener als es die Endprodukte der Aufbereitung sind. Das zusätzlich erforderliche Wasser wurde durch Niederschlagswasser gedeckt, das u.a. im Neustädter Becken gesammelt wurde.

4.1.1 Zur Aufbereitung der Freitaler Erzkohle:

Nach dem 2. Weltkrieg begann durch sowjetische Experten die Suche nach Uran im Erzgebirge und auch in der Steinkohlenlagerstätte von Freital. Daraus entwickelte sich die SAG und später die SDAG Wismut. Die Pechblende[3] führende Kohle war offenbar völliges Neuland im Hinblick auf die Urangewinnung. Auf Grund des aus dem Kalten Krieg resultierenden hohen zeitlichen Drucks liefen die Erkundung der Lagerstätte, die Entwicklung der Aufbereitungstechnologie, der Abbau und vieles andere mehr oder weniger parallel. Die zu Tage geförderte uranhaltige Kohle wurde im Gelände nach einem vorgegebenen Schema aufgehaldet und von Zeit zu Zeit im Freien verbrannt. Die Umweltprobleme allein durch die Rauchgase waren enorm. Dennoch war damit zunächst das Volumen der uranhaltigen Kohle auf die Aschereste begrenzt und gleichzeitig konnte mittels Laugung aus der Asche ein 60 %-iges Ausbringen erzielt werden. Bei Laugung des Urans aus der Kohle unter sonst gleichen Bedingungen wurde nur ein Ausbringen von 50 % erzielt. Man bekam aber die Verbrennungstemperatur nicht in den Griff. Bei zumindest örtlich zu hoher Temperatur bildeten sich unlösliche Uransilikate und das Ausbringen sank auf 30 % ab (25, S. 9). Für die Beendi-

---

[3] UO_2= Uraninit

gung der Verbrennung auf der Halde war sicher die Rauchgasbelastung trotz der Zeit um 1950 mit entscheidend.

In Freital wurden eine saure und eine basische Laugung entwickelt. Am Ende beider Laugungsverfahren entstand das unlösliche gelbe Natriumdiuranat $Na_2U_2O_7$. Für die Gewinnung des Urans aus der Erzkohle und auch aus der Asche wurde die saure Laugung angewendet. Die basische Laugung stand aber für entsprechende Erze aus Ostthüringen zur Verfügung. Erze aus Ostthüringen wurden zeitlich zwischen den Erzkohlen gelaugt. Das war auch abhängig vom Abbau entsprechender Mengen an Erzkohle mit erforderlichem Urangehalt. Näheres über die Laugung findet sich bei S. STUTE (25).

Bevor es zur Laugung kam, musste aber die Erzkohle auf < 0,2 mm zerkleinert werden. Dafür waren mindestens zwei Brech- und eine Mahlstufe in entsprechenden Kugelmühlen erforderlich. Die Zerkleinerung war im Gebäude der Flotation (Anmerkung s.u.) für die energetische Steinkohle in Freital-Döhlen untergebracht. Innerhalb der Laugung, die einen Großteil des Urans in Lösung gebracht hatte, trennte man in Kammerfilterpressen das uranhaltige Filtrat vom feingemahlenen „Rest". Erst danach entstand bei beiden sonst sehr verschiedenen Laugungsarten durch Fällen mit Natronlauge das gelbe und unlösliche Natriumdiuranat (Yellow Cake). Der „Rest" wurde als sogenannte Tailings in Schlammteiche gespült. Die umfangreiche Schlammwirtschaft war aus Platzgründen ein großes Problem.

Einen Schwerpunkt in der Aufbereitung der Erzkohle bildete offenbar die Entscheidung, was Erzkohle ist und was nicht. Um objektive Entscheidungen über Erzkohle und Nicht-Erzkohle fällen zu können, entwickelten Arbeitsgruppen innerhalb der Wismut eine automatisch arbeitende radiometrische Anlage. Man nannte sie RAF – Radiometrisch Automatische Fabrik – die völlig neu aufgebaut und 1986 in Betrieb genommen wurde. Bis zur Schließung 1989 konnten immerhin zwischen 9 und 14 % der Förderung als Berge vom mechanischen Teil der Aufbereitung ferngehalten werden (26, Kap.2.2.10, S.22). Sie ist auch als beachtliche Entlastung der Schlammwirtschaft anzusehen.[4]

---

[4] *Anmerkung zur „Wismutzeit": Erst nach der Wende ab 1990 öffnete sich allmählich die bis dahin geheime Zeit der Wismut. Silvio Stute schreibt in seiner Ausarbeitung über*

4.2 Die Aufbereitung des VEB Steinkohlenwerk Martin-Hoop IV (unter starker Verwendung von (28))

Die Technologie für diese Aufbereitung, für die es in der DDR gar kein und in Bezug auf die Herstellung schwefelarmer Kokskohle aus insgesamt schwefelreicher Kohle auch weltweit kein Vorbild gab, wurde ab 1955 entwickelt. Die Projektierung lag in den Händen des VEB Projektierungs- und Konstruktionsbüro Kohle Berlin-Weißensee, Außenstelle Mitteldeutschland, Abteilung Tiefbau Zwickau (PKB Kohle) unter anfänglichem Einbezug des Forschungsinstituts für Aufbereitung (FIA) Freiberg/Sa. (29). Der Bau dieser völlig neuen Aufbereitung begann 1958. Zu diesem Zeitpunkt war nicht zu erkennen, dass bereits am 9.12.1977 die letzte Kohle durch diese Anlage läuft. Ein wesentlicher Gesichtspunkt für den Bau dieser beachtlich großen Anlage war neben der perspektivischen Erweiterung der Aufbereitungskapazität die Gewinnung von Kohle, die z.B. für die Herstellung von Gießereischmelzkoks geeignet war. Nachdem 1954 begonnen wurde, die Kokerei des VEB Steinkohlenwerk August Bebel zu erweitern und zu modernisieren, waren auch die technischen Voraussetzungen zur Herstellung von Gießereischmelzkoks mit Zwickauer Steinkohle gegeben. Daraufhin war ohne Vorlaufforschung auf der Grundlage spärlich vorliegender Verkokungspa-

---

rameter der Kohle des Zwickauer Reviers die Direktive ausgegeben worden, Gießereischmelzkoks mit Zwickauer Steinkohle zu erzeugen. Es wurden gleichzeitig untertägig ein neues Baufeld erschlossen, ein neuer Schacht (IVa) mit Skipanlage geteuft und gebaut sowie Bahnanlagen neu errichtet. Mit dem metallurgischen Koks aus heimischer Kohle wollte man ein Stück weit unabhängiger von Importen werden, für die Devisen notwendig waren. Selbstverständlich wurde ein maximales Kokskohlenausbringen angestrebt.

Das Gebäude für die Aufbereitung war 50 m hoch, 76,4 m lang und 24,4 m breit und stand auf einer 1,7 m dicken Grundplatte, die Bergschäden verhindern sollte. Die Entwicklung der Aufbereitungstechnologie, die Gebäudeprojektierung und die Bestellung der erforderlichen Ausrüstungen liefen weitgehend nebeneinander und brachten natürlich Probleme.

Der Probebetrieb (=Inbetriebnahme) begann am 28.10.1962 und der Dauerbetrieb dann am 2.3.1964. Wesentliche Erkenntnisse aus dem Probebetrieb und den ersten Betriebsjahren bis zur wirklichen Betriebsreife 1967/68 waren: Die Zyklonsonderwäsche, die eigentlich die Neuheit der gesamten Aufbereitung gewesen wäre, war nicht in den Griff zu bekommen. Mit ihr sollten die Kohlenausträge der ersten Sinkscheiderstufe nach ihrer Zerkleinerung auf < 10 mm und die Kohlenausträge der Feinkornsetzmaschinen in Waschzyklonen oder Schwertrübezyklonen bei einer Trenndichte von 1,2 g/cm^3 in schwefelarme (< 1,2 g/cm^3) und schwefelreiche Kohlen getrennt werden. Eine Ursache hierfür lag im Schwerstoff. Als Schwerstoff sollte ursprünglich Kiesabbrand von einer Freiberger Hütte verwendet werden. Er ergab aber als Schwertrübe einen zu niedrigen pH-Wert (um 3) und war auch sehr abriebfreudig. Die Verwendung von Magnetit aus Kriwoy Rog war eine Notlösung. Ein Teil war zu grob. Er sedimentierte zu schnell und schaltete den als statischen Abscheider eingesetzten Erzeindicker vollständig aus. Auch die installierten Tauchbandmagnetscheider arbeiteten unzureichend. Um den Probebetrieb aber weiter fahren zu können, wurde die Zyklonsonderwäsche umfahren.

Die Schwertrübezyklonanlage, mit der das Mittelprodukt der Feinkornsetzmaschinen nachsortiert werden sollte, funktionierte aus obigen Gründen ebenfalls nicht und wurde umfahren. Dieses Mittelprodukt ging als Kesselbrennstoff ins werkseigene Kesselhaus.

Die Waschwasserklärung war teils unzweckmäßig und insgesamt zu klein ausgelegt. Hier erreichte man erst 1970 mit dem Einbau eines Eindickzyklons mit d = 500 mm Stabilität, wobei aber durch die leichte Zerreiblichkeit der tonigen Waschberge dennoch immer zu viel Feststoff im Waschwasser verblieb.

Die Flotationsanlage (Feinstkornaufbereitung) war von vornherein zu klein ausgelegt. Im Dauerbetrieb arbeiteten vier Flotationsbatterien (vorher nur drei) mit insgesamt 36 Zellen vom VEB Ernst-Thälmann-Werk Magdeburg Typ 3000 RE. Dennoch ergab sich für die Flotation eine teils erheblich längere Arbeitszeit als für die übrige Wäsche. Das in dieser längeren Betriebszeit anfallende Konzentrat konnte deshalb nicht der Kokskohle zugemischt werden und musste restlos als energetische Kohle verkauft werden. Besonders nachteilig war der sehr hohe Anteil feinster Teilchen, wodurch der Reagenzienverbrauch weit über dem internationalen Niveau lag.

Ab 1966 wurden Zyklone mit d = 350 mm zur Vorabscheidung feinster Teilchen installiert. Damit erzielte man dann auch einen annehmbaren Reagenzienverbrauch. Als Reagenzien kamen Dieselkraftstoff und Xylenol zum Einsatz. Die Flotationsberge konnten anfangs trotz Nachbehandlung nicht mit der vom Grubenbetrieb geforderten Feststoffkonzentration von 300 bis 400 g/l bereitgestellt werden, sodass eine weit größere Menge als geplant im Auflandeteich deponiert und dafür das Teichvolumen mehrfach erweitert werden musste.

Die Zielstellung für die Aufbereitung der Kohle aus dem Jahre 1955, schwefelarme und schwefelreiche Kohle zu gewinnen, wurde nicht erreicht. Im Verlaufe der Jahre bis zur Inbetriebnahme 1962 und dem Erreichen eines geregelten Dauerbetriebes etwa 1967/68 ergaben sich in der volkswirtschaftlichen Zielstellung höhere Anforderungen in Bezug auf die Erzeugung und die Qualität von metallurgischem Koks. Bei der Formulierung der Zielstellung für die Aufbereitung hatte man die nur insgesamt mäßige Backfähigkeit dieser Kohle ignoriert und im Schwefel den Hinderungsgrund gesehen. Als die Schwefelabtrennung gescheitert und im RGW Kokskohle nicht zu bekommen war, fand man eine Lösung in der Verkokung einer definierten Mischung von polnischen Gaskohlen und tschechischen Magerkohlen.

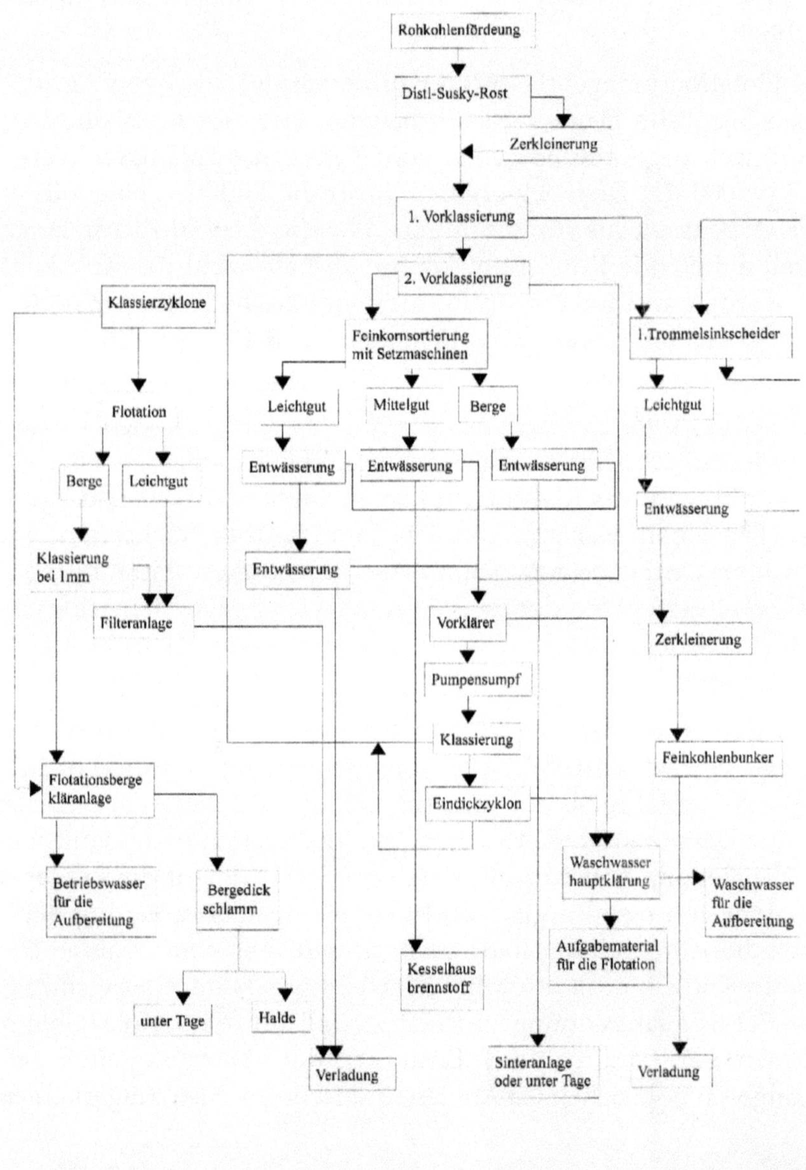

Rohkohlenfördeung
Distl-Susky-Rost
Zerkleinerung
1. Vorklassierung
2. Vorklassierung
Klassierzyklone
Feinkornsortierung mit Setzmaschinen
1.Trommelsinkscheider
Flotation
Leichtgut
Mittelgut
Berge
Leichtgut
Berge
Leichtgut
Entwässerung
Entwässerung
Entwässerung
Entwässerung
Klassierung bei 1mm
Entwässerung
Filteranlage
Vorklärer
Zerkleinerung
Pumpensumpf
Flotationsberge kläranlage
Klassierung
Feinkohlenbunker
Eindickzyklon
Betriebswasser für die Aufbereitung
Bergedick schlamm
Waschwasser hauptklärung
Waschwasser für die Aufbereitung
Aufgabematerial für die Flotation
Kesselhaus brennstoff
unter Tage
Halde
Verladung
Sinteranlage oder unter Tage
Verladung

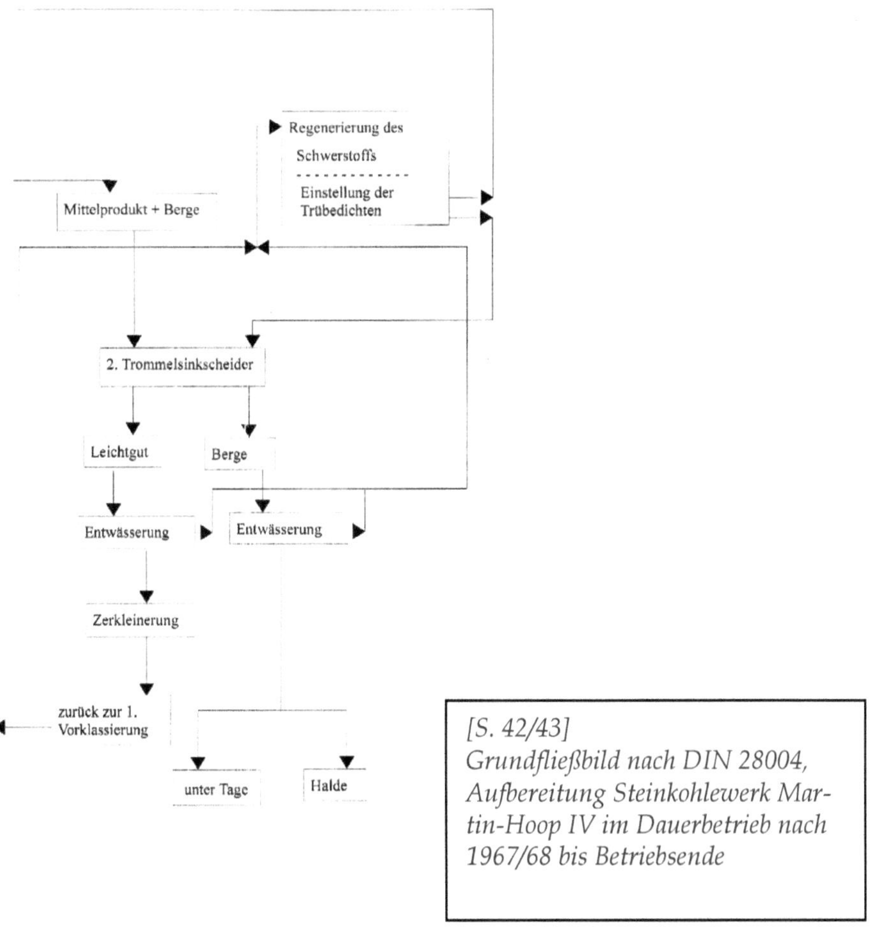

[S. 42/43]
Grundfließbild nach DIN 28004, Aufbereitung Steinkohlewerk Martin-Hoop IV im Dauerbetrieb nach 1967/68 bis Betriebsende

Unter Berücksichtigung aller Schwierigkeiten ergab sich im Dauerbetrieb nun folgender technologischer Ablauf (siehe hierzu auch das Gundfließbild nach DIN 28004 auf Seite 42/43): Die geförderte Rohkohle wurde bei 120 mm auf Distl-Suski-Rosten abgesiebt. Die Rohkohlenstücke > 120 mm wurden mittels Backenbrechern zerkleinert und bildeten mit dem Rostdurchgang die Rohwaschkohle. Diese wurde auf zwei Resonanzschwingsieben der Fa. Krupp Rheinhausen bei 10 mm nass gesiebt. Weil für die Schwertrübescheidung der Korngrößenklasse 10 bis 120 mm ein besonders feinstkornarmes Aufgabegut wichtig ist, wurde dieses Produkt nochmals auf einem Kruppsieb Typ III G bei 10 mm unter gründlicher Abbrausung nachklassiert.

Dabei entstanden zwei Produkte: Einmal die Korngrößenklasse 10 bis 120 mm und zum anderen die Korngrößenklasse < 10 mm. Die Sortierung der Korngrößenklasse 10 bis 120 mm (Grobkornsortierung): Das entschlämmte Grobkorn wurde per Bandförderer dem ersten Trommelsinkscheider vom Typ SKB aufgegeben. In ihm erfolgte die Trennung mittels einer Magnetitschwertrübe bei einer Trenndichte von ca. 1,5 g/cm³ in Kohle und Berge plus Verwachsenes. Die gewaschene Kohle wurde sofort nach dem Enttrüben und Abbrausen mit Frischwasser auf zwei Resonanzschwingsieben vom Typ SKB in zwei Prallhammerbrechern der Fa. Wedag auf < 10 mm zerkleinert und mit ca. 15 % Filterkohle versetzt und zum Absatz gebracht. Das Sinkgut gelangte über eine Schurre auf den zweiten Trommelsinkscheider, der bei einer Trenndichte von 1,8 bis 2,05 g/cm³ das verwachsene Material von den Bergen trennte. Die mittels einer Nachklassierung entstandenen Berge 10 bis 70 mm gingen in den Grubenbetrieb, während das verwachsene Material (Mittelgut) mittels Hammerbrecher der Fa. ZEMAG Zeitz aufgeschlossen und erneut in den Kreislauf gegeben wurde. Die Regenerierung der Schwertrübe erfolgte mit drei leistungsstarken Permanent-Trommel-Magnetscheidern vom VEB Schwermaschinenbau Ernst-Thälmann Magdeburg. Die Eindickung der Dünntrübe erfolgte mit verschiedenen Klärspitzen.

Die Dichte der Arbeitstrübe wurde per Hand kontrolliert und reguliert, wodurch größere Schwankungen unumgänglich waren.

Die Sortierung der Korngrößenklasse < 10 mm: Die Sortierung der sorgfältig entschlämmten Korngrößenklasse 0,5 bis 10 mm erfolgte in einem Arbeitsgang in zwei luftgepulsten Setzmaschinen der Fa. Wedag in Kohle, Mittelprodukt und Berge. Die mit dem Überlauf der Setzmaschinen ausgetragene Kohle wurde nacheinander mittels Bogensieben, Kammersieb und einem Resonanzsieb vom Typ Krupp IV GU vorentwässert, bevor sie in Zentrifugen vor den Verladebunkern dynamisch entwässert wurde. Bewährt haben sich die Schwingsiebzentrifugen von den Skoda-Werken aus der CSSR. Die hohe Trennschärfe der Setzmaschinen erlaubte, das Mittelprodukt ohne weitere Behandlung direkt als Kesselbrennstoff einzusetzen. Die Berge konnten in die Sinteranlage des August-Bebel-Werkes (täglich 48 t) und auf die Halde zu deren Stabilisierung abgesetzt werden.

Die Gewinnung der feinsten Kohleteilchen aus den Schlämmen erfolgte durch deren Flotation in vier Batterien mit insgesamt 36 Zellen vom Typ 3000 RE vom Ernst-Thälmann Magdeburg. Die feinsten, aschereichen Teilchen wurden vor der Flotation mit Klassierzyklonen mit d=350 mm abgeschieden. Als Reagenzien kamen eine Emulsion von Dieselkraftstoff (Emulgator: Fekunil TM vom VEB Fettchemie Karl-Marx-Stadt) und Xylenolfraktionen zum Einsatz. Das Flotationskonzentrat wurde auf vier Vakuumscheibenfiltern entwässert und je nach den gegebenen Möglichkeiten der Kokskohle oder energetischen Kohle zugeführt. Ein sogenanntes Mittelprodukt entstand bei der Flotation nicht. Die Flotationsberge wurden zunächst über ein Schwingsieb geleitet, um die darin noch enthaltenen reinen Kohleteilchen von etwa einem Millimeter Größe zu gewinnen (täglich bis zu 20 t). Anschließend gingen die Schlämme in die Flotationsbergekläranlage. Etwa 200 m³ beinahe feststofffreies Wasser wurden erzeugt und in die Aufbereitung zurückgeführt. Die in der Flotationsbergekläranlage (Eindickeranlage) gewonnenen Dickschlämme wurden zum großen Teil vom Grubenbetrieb abgenommen. Den überschüssigen Teil konnte man in den Auflandeteich am Fuß der Halde vom Schacht III einspülen.

Die gesamte Aufbereitung wurde von einer Steuerwarte aus überwacht und bis auf einen nicht automatisierbaren Teil wie Schlammpumpen, Klärspitzenabzüge und Trübekreisläufe zentral angefahren. Doch die Trübedichteregulierung musste von Hand erfolgen. Der nicht automatisierte Teil wurde als Gruppe 5 von Hand eingeschaltet und anschließend die Gruppen 1 bis 4 entgegen der Förderrichtung in Betrieb genommen.

Die Aufbereitung wurde mit einem stündlichen Durchsatz von etwa 450 t betrieben. Im besten Betriebsjahr 1969 wurden über 2 Mio. t verwertbare Förderung erzeugt. Von da an war die Förderung rückläufig, was sich besonders ab 1973 bemerkbar machte. Nach dem 9.12.1977, als gegen 09.00 Uhr die letzte geförderte Rohkohle durch die Aufbereitung lief, hatte die Steinkohlenförderung und die Aufbereitung der Steinkohle im gesamten mitteldeutschen Steinkohlenbergbau ein Ende. Erst 20 Jahre später, am 26.04.1997 wurden die letzten drei Bauteile gesprengt und beseitigt.

4.3 Die Aufbereitung des VEB Steinkohlenwerk Oelsnitz/Erzgeb.

Der Volkseigene Betrieb (VEB) Steinkohlenwerk Oelsnitz/Erzgeb. vereinte bis zu dessen Gründung die selbständigen VEB Steinkohlenwerke Deutschland und Karl-Liebknecht. Letztere im Ortsteil Neuoelsnitz. Der Gründung dieses Betriebes gingen Untersuchungen über eine sinnvolle Zusammenführung der Förderung beider Grubenfelder und der Modernisierung übertägiger Anlagen voraus. Das betraf auch die Aufbereitungen der zunächst getrennten Betriebe. In (30) stellte das Forschungsinstitut für Aufbereitung in Freiberg/Sa. (FIA) fest, dass die Aufbereitung im VEB Steinkohlenwerk Deutschland ungeeignet für eine Rekonstruktion und die Übernahme der gesamten Förderung ist. So wurde beschlossen, die übertägigen Anlagen des Werkes Deutschland allmählich abzuwerfen und die gesamte Produktion an Steinkohle in Neuoelsnitz auszufördern und aufzubereiten. Damit wurde die einstmalige Aufbereitung (Wäsche) des Kaiserin-Augusta-Schachtes ab 1946 die Aufbereitung des VEB Steinkohlenwerkes Karl-Liebknecht und ab 1960 die Aufbereitung des VEB Steinkohlenwerkes Oelsnitz, Betriebsabteilung (BA) Karl-Liebknecht. Nach der Stilllegung der Aufbereitung der Betriebsabteilung Deutschland ab etwa 1965 war sie die einzige noch aktive Aufbereitung im Lugau-Oelsnitzer-Steinkohlenrevier.

Die gesamte Aufbereitung wurde ab 1874 mehrfach neu errichtet und erfuhr außerdem in den Jahren 1936 bis 1939 und 1963 bis 1965 umfangreiche Rekonstruktionen (18) einschließlich Erweiterungen. Dennoch bestand diese Aufbereitung immer aus einer Trockenseparation und einer sogenannten Setzwäsche. Es gab zu keiner Zeit eine Dichtetrennung mittels Schwertrübe und auch niemals eine Flotation. Das Grundfließbild gemäß DIN 28004 nach der letzten Rekonstruktion, die in etwa 1965 abgeschlossen wurde, ist auf der nächsten Seite aufgeführt.

Zur Trockenseparation: Sie begann mit der Trennung der Rohkohle mit Distl-Susky-Rosten bei 80 mm Rostwellenabstand. Die Rohkohle > 80 mm gelangte über Rutschen auf insgesamt zwei Lesebänder (auch Klaubebänder genannt) und wurde manuell in reine Berge, reine Kohlestücke und Mittelprodukt (Verwachsenes) getrennt. Die reinen Kohlestücke (Stückohle) gingen sofort in Waggons zur Bahnverladung während die reinen Berge je nach Bedarf entweder zurück in die Grube oder auf die Halde gefördert wurden. Das Mittelprodukt wurde mittels Backenbrecher zerkleinert und der Rohkohle < 80 mm zugeführt. Unter den Distl-Susky-Rosten befand sich der Rohkohlenbunker, der ein Fassungsvermögen von ca. 1.200 bis 1.500 t hatte. Oberhalb des Rohkohlenbunkers waren noch Kratzbänder angeordnet, mit denen das volle Bunkervolumen ausgeschöpft werden konnte. Zur Vergleichmäßigung der Rohkohle war aber der Rohkohlenbunker nicht geeignet. Es konnte auch kein Durchsatz mittels Bandwaage ermittelt werden. Die Rohkohle < 80 mm wurde mittels Becherwerken in das eigentliche Aufbereitungsgebäude gefördert und dort zunächst bei 10 mm vorklassiert. Die Rohkohle < 10 mm ging über die Windsichteranlage zur Staubgewinnung, womit die Trockenseparation beendet war. Die mehr oder weniger entstaubte Rohfeinkohle - je nach Oberflächenfeuchtigkeit der Rohkohle wurden etwa 50 % des Gutes < 0,5 mm gewonnen - sowie die Rohkohle von 10 bis 80 mm gelangte dann in die Setzwäsche (Nassaufbereitung).

In der Wäsche waren vier Setzmaschinen installiert. drei luftgepulste Setzmaschinen von den Skodawerken Pilsen und eine in eigener Regie umgebaute Kolbensetzmaschine. Nachfolgende Tabelle gibt einen Überblick.

	Grobkorn-setzmaschine 1	Grobkorn-setzmaschine 2	Feinkorn-setzmaschine	Nachwasch-setzmaschine
Durchsatz (t/h)	130	60	85	65
Aufgabekorn-größe (mm)	10 bis 80	10 bis 80	0,5 bis 10	0,5 bis 10
Waschwasser-bedarf (m³/h)	600	200	350	350
Luftverbrauch (m³/h)	60	ohne/System Brauns	20	20

Tabelle 5: Technische Angaben zu den Setzmaschinen in der Nassaufbereitung VEB Steinkohlewerk Oelsnitz

Bis zur Rekonstruktion waren eine Grobkorn-, eine Mittelkorn-, eine Feinkorn- und eine Nachwaschsetzmaschine vom Typ Brauns der Carlshütte in Altwasser bei Waldenburg (heute VR Polen), im Einsatz. Die Setzmaschinen waren vom Baujahr ca.1920 und wurden einschließlich der Becherwerke und der Walzwerke zum Aufschluss der Mittelprodukte von der Grob- und Mittelkornsetzmaschine noch durch eine zentrale Transmission angetrieben. Die Transmission wurde im Rahmen der Rekonstruktion durch Einzelantriebe ersetzt. Die Vorklassierung mittels zweier Schieferstein-Exzenter-Schwingsiebe wurde belassen. Die erzeugten Korngrößenklassen von 30 bis 80 mm und 10 bis 30 mm wurden am Klassiererabwurf vereint und den beiden Grobkornsetzmaschinen in Flutern zugespült. Die Rohkohle < 10 mm floss ebenfalls in Flutern der Feinkornsetzmaschine zu. Der Aufschluss der Mittelprodukte der zwei Grobkornsetzmaschinen erfolgte neu in einer Hammermühle der Fa. ZEMAG Zeitz, was zu Problemen führte. Die Qualität des Mittelproduktes schwankte stark und bei größeren Anteilen feuchterer Kohle wuchs die Mühle zu, was immer längeren Stillstand bedeutete. Nach entsprechender Erfahrungszeit hörten die Wäscher (Bediener der Setzmaschinen) das Herannahen einer unangenehmen Verstopfung der Mühle und führten absichtlich höheren Bergeanteil im Mittelprodukt herbei, wodurch sich die Mühle wieder „erholte". Die Hammermühle musste mit Mahlbahnen betrieben werden. Da die Rekonstruktion im ganz normalen Produktionsalltag erfolgen musste, erhielten die neuen Setzmaschinen

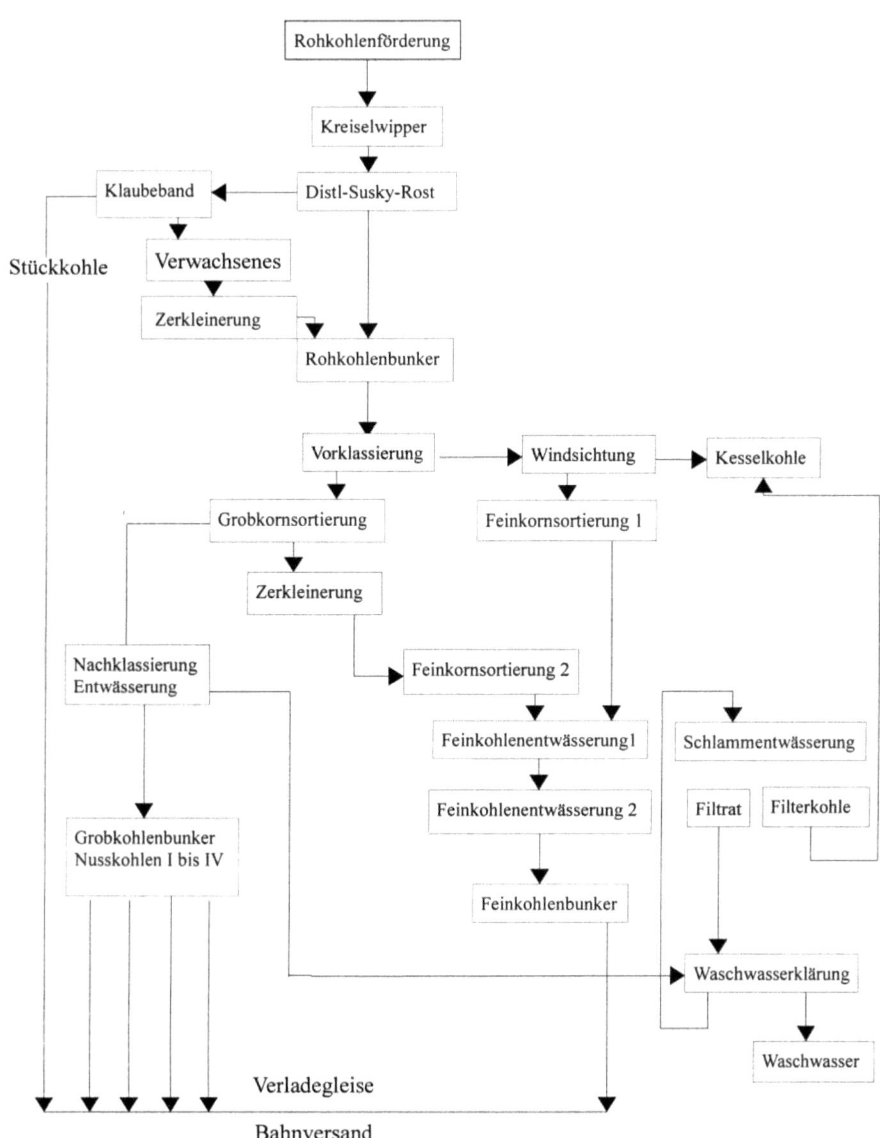

Grundfließbild nach DIN 28004, Aufbereitung Steinkohlewerk Oelsnitz/Erzgeb. nach 1965

andere Standorte, was wiederum zu einer veränderten statischen Belastung des Gebäudes führte. Konsequenzen hatte das für den Waschwasserkreislauf. Die vorerst im Aufbereitungsgebäude liegenden Klärspitzen zur Klärung des Waschwassers wurden entleert und dafür außerhalb des Aufbereitungsgebäudes ein Rundeindicker mit 22 m Durchmesser errichtet.

Die Luftversorgung der Setzmaschinen erfolgte mit einem Kreiskolbengebläse vom Typ KG 450W mit einem Druck von 0,35 atü. Das Gebläse verursachte hohe Ansauggeräusche, die aber mit einem vorgeschalteten Filter im Eigenbau erträglich wurden. Die ausgetragenen Feinkohlen der Feinkorn- und Nachwaschsetzmaschine wurden in Schälschleudern vom Typ NAEL 3, VR Polen, bis auf eine Oberflächenfeuchtigkeit von ca. < 7 % entwässert, danach gebunkert und verladen. Die Kohlenausträge der beiden Grobkornsetzmaschinen gingen zur Entwässerung und Nachklassierung wie auch davor schon auf ein Schieferstein-Exzenter-Schwingsieb.

Hier entstanden dann die bekannten Nusssorten von Nuss 1 (50 bis 80 mm), Nuss 2 (30 bis 50 mm), Nuss 3 (18 bis 30 mm) und Nuss 4 (10 bis 18 mm). Sie wurden anschließend gebunkert und verladen. Innerhalb des gesamten Wasserkreislaufes änderte sich bis auf die in den Rundeindicker verlegte Waschwasserklärung nichts. Es blieb die gesamte Außenklärung - mehrere Schlammbecken, Erfurter-Trichter, Auflandeteiche und Auenteich mit Überlauf zum Hegebach - unverändert.

Die Rekonstruktion der Aufbereitung führte zu einem zentral überwachten und zentral ab- und anfahrbaren nassmechanischen Teil der Aufbereitung. Die gesamte elektrische Versorgung wurde erneuert und auf Einzelantriebe umgestellt. Die Abmessungen der neuen Setzmaschinen sowie die zusätzlichen Ausrüstungen führten zu umfangreichen Veränderungen der Stahlbühnen innerhalb des Gebäudes. Gleiches galt für das gesamte Rohrleitungssystem für das Waschwasser. Die tägliche Laufzeit der Aufbereitung lag nach 1965 über mehrere Jahre bei ca. 19 Stunden und die Störzeit bei ca. 20 Minuten. In den aufbereitungsfreien Nachtstunden wurden prophylaktische Reparaturen ausgeführt. Für größere Reparaturen standen die Wochenenden zur Verfügung.

1971 wurde das Steinkohlenwerk und damit natürlich auch die Aufbereitung geschlossen.

5. Schlussbemerkungen

Bei dieser Abhandlung über mitteldeutsche Steinkohlenlagerstätten stand die mechanische Aufbereitung der Kohle und hier wiederum die der letzten Jahre vor der endgültigen Stilllegung des Steinkohlenbergbaus im Mittelpunkt. Manuell wurde die Kohle sicherlich von Anfang an vom tauben oder weniger gut brennbaren Material getrennt. Dieser Zeitabschnitt der manuellen Aufbereitung durch Auslesen, Werfen über einen Durchwurf bis hin zum manuellen Abspülen in Gräben oder einfachen Gerinnen und dem manuellen Stauchsetzen durch Lindig im Tal der Wideritsch in der Nähe des heutigen Freital hat sich, teils über Jahrhunderte, an vielen Orten vollzogen. Ab etwa 1850 bestand durch die aufkommende Industriealisierung ständig und schnell steigender Bedarf an Energie, den damals nur die Steinkohle decken konnte. Die Förderung an Steinkohle zwang zu ihrer mechanischen Aufbereitung, was in den ständigen Verbesserungen der Aufbereitungstechnologie und des entsprechenden Maschinenbaus zum Ausdruck kommt. Einzelheiten der gewiss hochinteressanten Geschichte des Steinkohlenabbaus in oder bei Flöha, Hainichen, Ebersdorf, Borna, Schönfeld u.a. Orten blieben deshalb unbeachtet.

An zwei Orten, Olbernhau und Stockheim, wo mechanische Aufbereitungen mit Sicherheit betrieben wurden, konnte die dort in den letzten Jahren der Existenz betriebene Technologie leider (noch) nicht aufgeklärt werden. Zu Olbernhau kann zum gegenwärtigen Zeitpunkt bezüglich der Aufbereitung nur folgendes, z.T. <u>spekulativ</u>, geschrieben werden:

Betrachtungen zur möglichen Technologie in der Aufbereitung des Olbernhauer Anthrazitwerkes nach 1907.

Um diese Zeit förderte man in Brandau (heute Brandov in Tschechien) mindestens 70.000 t/a. Es wurde 1907 eine Seilbahn von Brandau nach Olbernhau mit einer Länge von etwa 5 km errichtet und eine Aufbereitung in Betrieb genommen. Schlämme aus der Aufbereitung wurden außerhalb der Aufbereitung in einem betonierten Becken abgelagert und dieses Becken wurde von Zeit zu Zeit ausgeschaufelt. Heute dient dieses Becken dem Olbernhauer Freibad. In der Aufbereitung war gleichzeitig eine Brikettierung installiert. In Brandau waren 200 Arbeiter und Angestellte im Dienst und in

Olbernhau 50 Arbeitskräfte. In Brandau arbeitete man in maximal drei Schächten. Vier Flöze gab es, aber das 4. Flöz wurde wegen zu geringer Mächtigkeit (20 bis 80 cm) nicht abgebaut. Es wird vermutet, dass die Aufbereitung ca. 250 Tage pro Jahr in Betrieb war. Pro Arbeitstag wurden also mindestens 280 t und bei 14 Stunden Arbeitszeit 20 t je Stunde aufbereitet. Damit wird auch angenommen, dass die in der Literatur angegebenen 70.000 t pro Betriebsjahr verwertbare Förderung (also verkaufte Kohlenprodukte) waren. Da ein Schlammbecken bestimmt vorhanden war, muss eine Nassaufbereitung betrieben worden sein. Da gleichzeitig auch eine Brikettierung betrieben wurde, ist folgende Technologie wahrscheinlich: Die geförderte Rohkohle wurde zunächst gebunkert, um eine einigermaßen gleichmäßige Aufgabe für die Aufbereitung zu haben. Die Aufgabemenge konnte mindestens 20 t/h wahrscheinlich aber deutlich mehr - bis ca. 40 oder 50 t/h - betragen. In der Aufbereitung wurde die Rohkohle bei 80 vielleicht auch bei ca. 60 mm klassiert. Die Rohkohle > 80 (oder 60) mm wurde manuell gesäubert (Leseband) und die so gereinigte Rohkohle als Stückkohle verkauft. Die nächste Klassierung folgte umgehend (eventuell auch gleichzeitig mit der bei 80 mm) bei etwa 15 mm. Die Rohkohle < 15 mm (eventuell auch 18 oder 13 oder ähnlich) wurde brikettiert und als Briketts verkauft. Die Rohkohle von 15 bis 80 mm wurde auf einer Setzmaschine nass sortiert und die gewaschene Kohle anschließend in die bekannten Nusskohlen klassiert und ebenfalls verkauft. Um ausreichend feste oder festere Briketts zu erzeugen, gab man der Feinkohle vor der Brikettierung ein Bindemittel zu. Üblich war Pech, dass vor der Dosierung erhitzt werden musste. Es wurde erzählt, dass es in der Aufbereitung (oder dem Anthrazitwerk) einmal gebrannt hätte, was für die Zumischung eines erhitzten Bindemittels spricht. Die Verladung erfolgte unmittelbar nach der Aufbereitung in Waggons, die auf dem Verladegleis standen und vermutlich dort auch sofort gewogen wurden. Die Annahmen könnten durch viele weitere Angaben erhärtet werden. Dazu zählen u.a. die Mengen der verkauften Kohle-bzw. Brikettprodukte und welche Firma oder Firmen die Aufbereitung errichtete(n)? Welches Wissen existiert noch über die Halden- oder Schlammwirtschaft u.a.?

Abbildungen

Abbildung 1

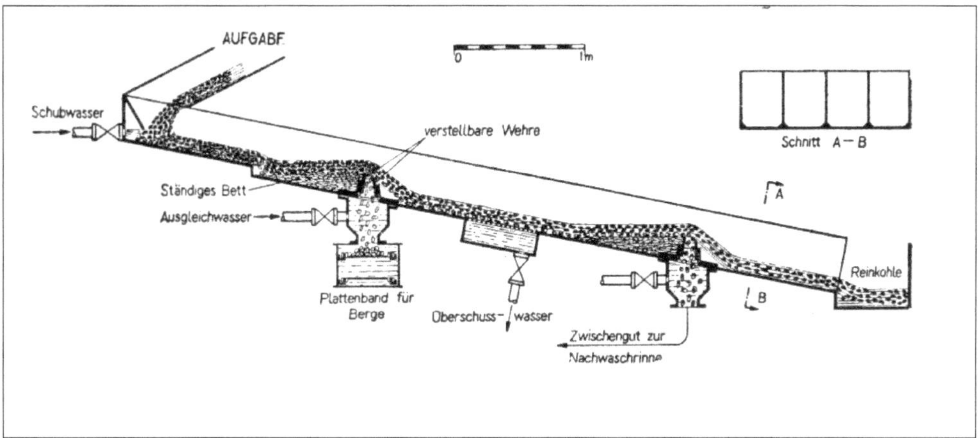

Der Schnitt durch eine Cascadynwäsche wurde (23) entnommen. Er zeigt eine Fluterwäsche in hoch entwickelter Form. Bei den Fluterwäschen fehlten die im Boden angeordneten automatisch arbeitenden Austragsvorrichtungen für das sich absetzende spezifisch schwerere Material. Kirchberg schreibt dazu in (23): „Die Rohkohle fließt zusammen mit etwa der dreifachen Gewichtsmenge Wasser durch die 5 bis 7 m lange Rinne, die eine Neigung von 1:10 hat. Der Schichtungsvorgang ist bereits kurz hinter dem Einlauf beendet."

An einer Fluterwäsche auf dem D-Schacht im Lugau-Oelsnitzer-Revier arbeiteten bis zu 20 Personen. Bis zur Einstellung dieser Schachtanlage 1875 konnten immerhin ca. 300.000 t Steinkohle abgesetzt werden.

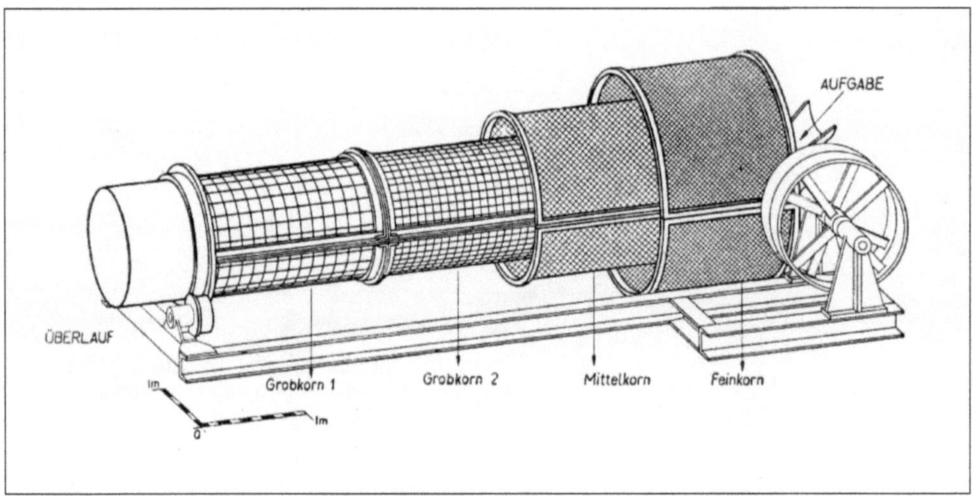

Die Abbildung des zylindrischen Trommelsiebes wurde (23) entnommen. Kirchberg schreibt: „Beim Betrieb von Trommelsieben muss man vor allen Dingen darauf achten, dass sie nicht zu stark beaufschlagt werden. Die Aufgabemenge darf niemals größer sein, als dass etwa ein Drittel des Siebumfangs gleichzeitig mit Siebgut bedeckt ist."

Auch heute gibt es noch Trommelsiebe, vor allem wohl wegen ihres nahezu erschütterungsfreien Laufs. In der mechanischen Steinkohlenaufbereitung konnten sie sich aber nicht behaupten und waren Rosten in der ersten Vorklassierung sowie Resonanzschwingsieben bis herab zu etwa 10 mm deutlich unterlegen.

Trommelsiebe bestanden z.B. in der Vorklassierung auch nur aus einer einzigen, leicht geneigt angeordneten, Siebtrommel. In Bewegung gesetzt wurden sie z.B. mittels Transmission, deren Antriebskraft von einer oft entfernt stehenden Dampfmaschine kam.

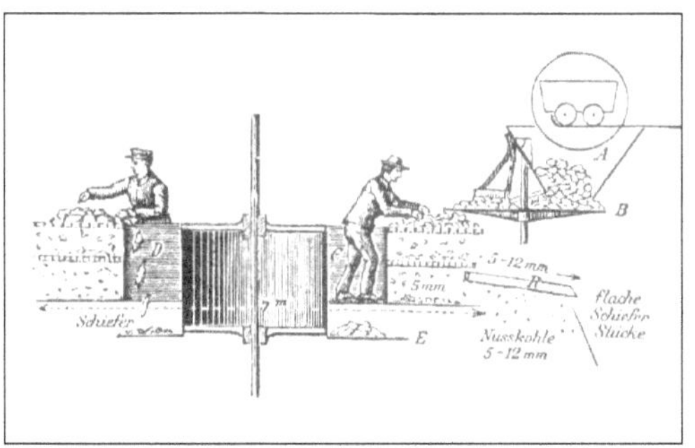

Obige Abbildungen wurden dem Buch „Die Aufbereitung der Steinkohle einst und jetzt" von Fritz Lange und Josef Richard Schönmüller, Verlag Glückauf GmbH, Essen, 1956, entnommen. Die rotierende Klaube- und Siebanlage arbeitete auf einer belgischen Zeche und die stählernen Klaubebänder (Lesebänder) auf der Zeche Hannover. Nahezu identisch sah es im Lesebandbereich der Aufbereitung des VEB Steinkohlenwerk Oelsnitz aus.

Klauben ist die älteste Art der Sortierung verschiedener Mineralien nach dem Aussehen von Hand und war im mitteldeutschen Steinkohlenbergbau vor allem über Tage aber auch unter Tage üblich.

Da durch die Mechanisierung und dem Auslaufen des Steinkohlenbergbaus der Bergeanteil in der zu klaubenden Rohkohle und damit die körperliche Anstrengung für die Arbeiter(Innen) am Leseband sehr hoch wurde, wurde zumindest in Oelsnitz der sogen. Schiebebandbetrieb eingeführt. Die zu klaubende Rohkohle wurde mittels eines Schiebers (Abstreifers) nur auf eine Hälfte eines Lesebandes aufgegeben. Die schweren Bergestücke konnten liegen bleiben und die Kohlestücke wurden auf die frei gebliebene Seite des stählernen Bandes geschoben.

Dem jeweiligen Leseband war ab etwa 1900 ein Rost (z.B. Distl-Susky-Rost) mit ca. 80 mm Spaltweite vorgeschaltet.

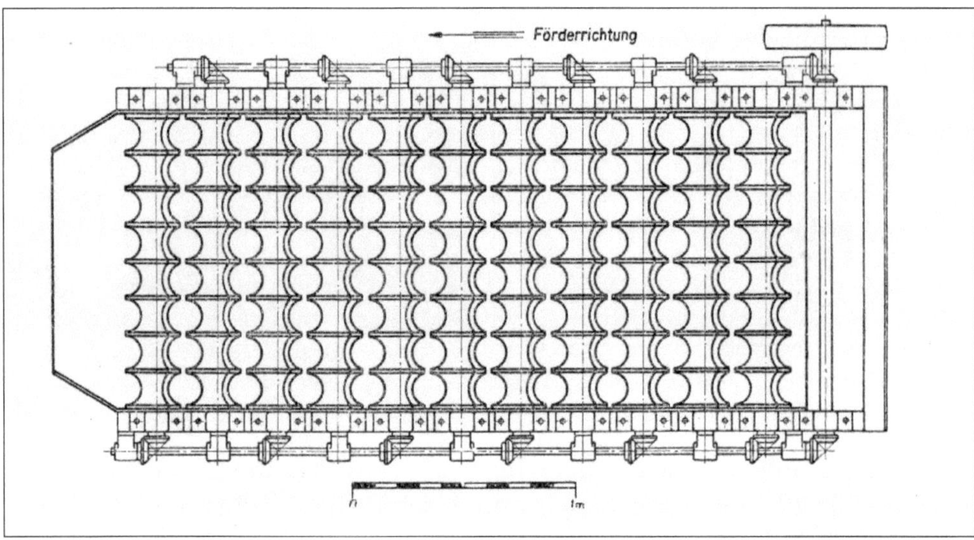

Abbildung 4 aus (23) zeigt oben eine Draufsicht und unten einzelne Elemente eines Distl-Susky-Rostes. Dieser um 1895 aufgekommene Rost erfüllte die beachtlichen Forderungen für den meist ersten Klassierschnitt in einer Kohlenseparation. Er klassierte die geförderte Rohkohle bei 80 mm verstopfungsfrei. Auf Grund der Ausbildung der einzelnen Rostelemente wurde die Rohkohle immer wieder leicht angekippt, so dass auf flachen, plattigen Stücken liegendes feineres Material quasi abgeschüttelt wurde und in die Rohwaschkohle gelangte.

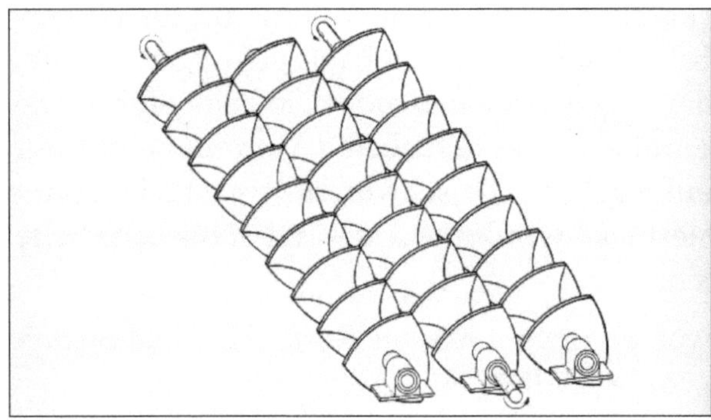

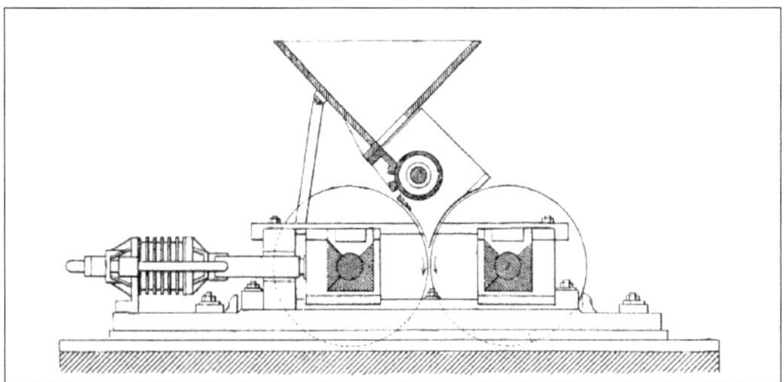

Walzwerke wurden regional und zeitlich begrenzt auch Quetschen oder Quetschwalzwerke genannt. Um bestimmte Stoffe möglichst schonend, d.h. mit möglichst wenig Feinkornbildung zu zerkleinern, baute man auch die Stachelwalzwerke.

Walzwerke insgesamt wurden in der Grob- und Mittelzerkleinerung eingesetzt und dienten in den Steinkohlenaufbereitungen vornehmlich zum Aufschluss verwachsener Teilchen von der Grobkorn- und der Mittelkornsetzmaschine. Das hier wiedergegebene Quetschwalzwerk ist dem Buch von Lange u. Schönmüller (s. dort Bild 17) und das Stachelwalzwerk (23) entnommen.

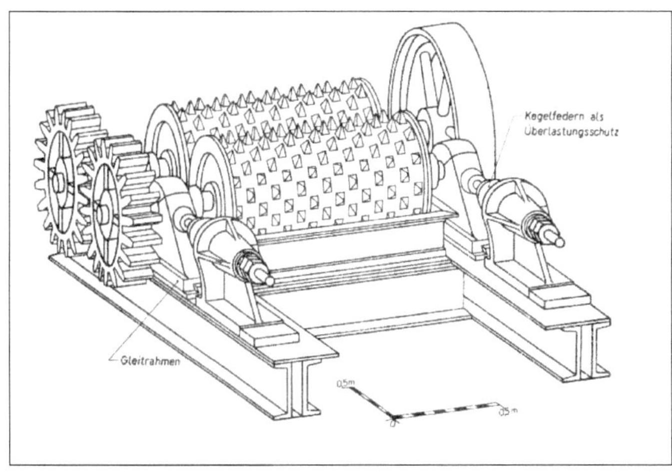

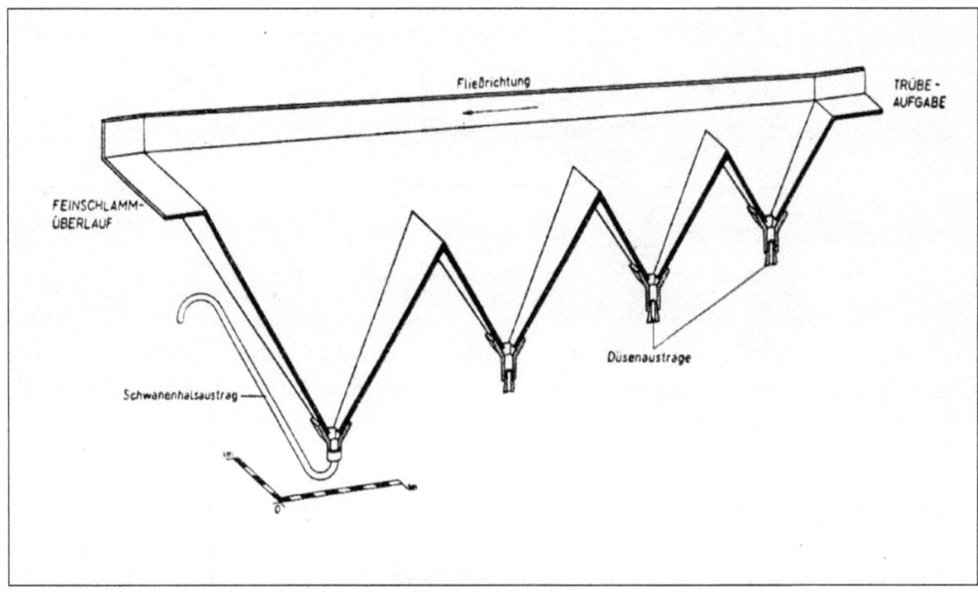

Der Schnitt durch einen Spitzkasten wurde (23) entnommen. Spitzkästen, wie sie aus der Erzaufbereitung bekannt waren, führte Lührig ab ca. 1875 in die von ihm entwickelte Technologie für die Steinkohlenaufbereitung ein. Lührigs Verdienst war es u.a., sich der technologischen Verarbeitung des lästigen Steinkohlenstaubes angenommen zu haben. Partikel < 6 mm wurden nach Befeuchtung über Spitzkästen geleitet und eine Klärung des Wassers angestrebt, was aber nur sehr unvollständig gelang. Man kann annehmen, dass sich aus den für die Steinkohlenaufbereitung ungeeigneten Spitzkästen die Klärspitzen zur groben Klärung des Waschwassers entwickelt haben. Der aus den Austrägen der Klärspitzen abgezogene Dickschlamm wurde entweder den Filtern oder weiteren Klärbecken zugeführt. Spitzkästen spielten in der Steinkohlenaufbereitung nach Lührig keine Rolle mehr.

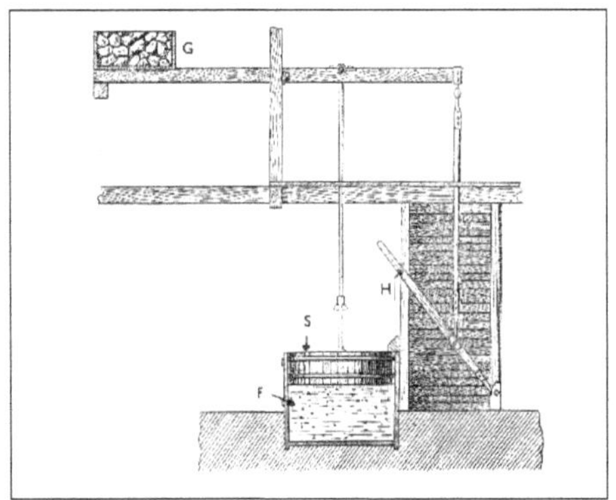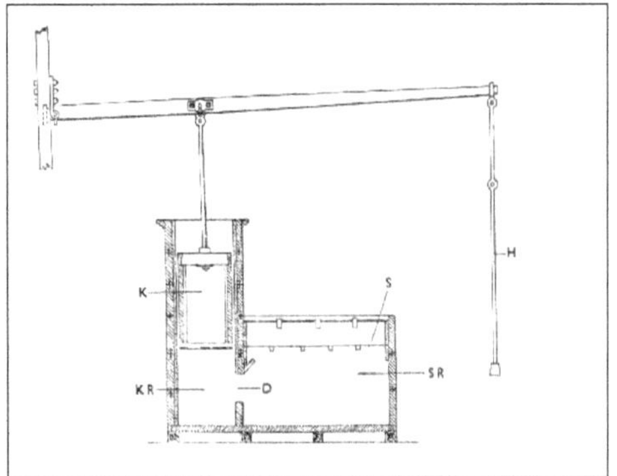

Die hier wiedergegebenen Schemata sind dem Buch von Lange und Schönmüller (s.a. dort Bilder 21und 22) entnommen. Sie zeigen die Anfänge der Setzarbeit in der Steinkohlenaufbereitung, die noch rein manuell betrieben wurde. Links wird das Stauchsetzen gezeigt. Das kolbenartig ausgebildete Sieb (S) wird in ein mit Wasser gefülltes Fass (F) eingetaucht. Dabei hob das Wasser die auf dem Sieb liegende Rohkohle an, lockerte sie auf und beim Zurückfallen auf das Sieb lag das schwerere Material (Berge) dem Siebboden näher als vorher. Ein Gegengewicht (G) und Handhebel (H) erleichterten die Arbeit z.B. gegenüber Lindig, der 1810 erstmalig das Stauchsetzen für das Sortieren der Steinkohle anwendete.

Rechts ist die erste hydraulische Kolbensetzmaschine mit Handantrieb dargestellt. Den grundsätzlichen Unterschied stellen der bewegliche Kolben (K), der Kolbenraum (KR), der Setzraum (SR) und das hier feststehende Sieb (S) dar. Das Gerät wurde auch noch manuell bestückt und entleert.

Die 1856 gegründete „Maschinenfabrik für den Bergbau von Sievers & Co" in Köln-Kalk fertigte eine Setzmaschine nach diesem Vorbild. Sie wurde Teil der ersten Aufbereitungstechnologie nach Frießner in Deutschland.

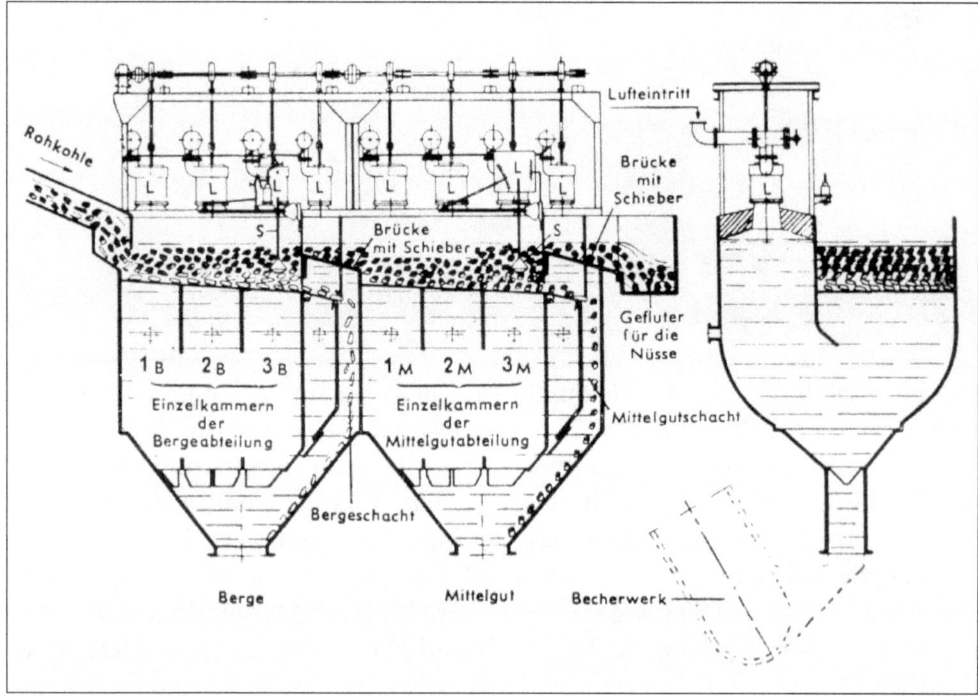

Setzmaschinen sind das Herzstück fast jeder Steinkohlenaufbereitung. Einen Schnitt durch eine luftgepulste Setzmaschine zeigt Bild 26, entnommen aus Lange und Schönmüller. Auf der nächsten Seite sieht man Details einer automatischen Austragsregelung aus (23). Sowohl bei den Setzmaschinen als auch bei den Austragsregelungen existieren verschiedene Systeme.

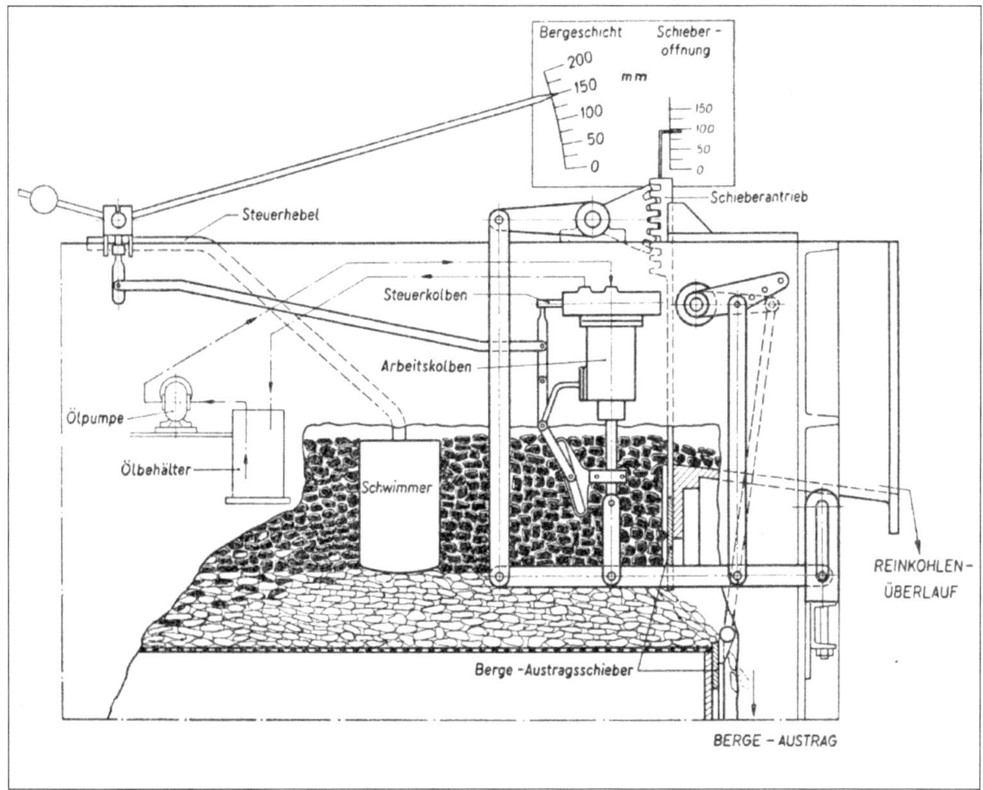

Die abgebildete Austragsregelung zeigt eine idealisierte Schichtung und die Trennung der Berge von den Kohlen, die es in Realität so exakt nicht gibt. Selbst die Austragsorgane – hier Schieber – sorgen für eine unerwünschte Verwirbelung der Schichtung und somit für Fehlausträge. Setzmaschinen waren z.B. 8 m lang, 3 m breit und mit den direkt verbundenen Becherwerken erreichten sie bis zu 10 m Höhe.

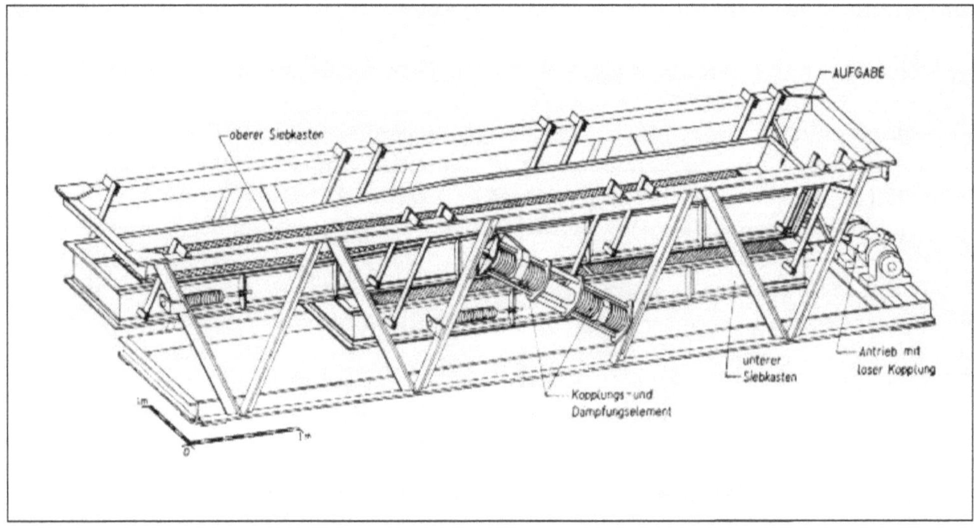

Abbildung 9

Zweimassen-Resonanzschwingsieb, schematisch

Wegen ihrer geringen Leistung im Verhältnis zum Raumbedarf wurden die ruhig laufenden Trommelsiebe von Schwingsieben verschiedenster Konstruktionen ersetzt. Damit kamen aber unerwünschte Schwingungen in die Gebäude, die zur Abhilfe oder Minderung zwangen. Eine Konstruktion führte zu den Zweimassen-Resonanzschwingsieben, die als Schema aus (23) oben wiedergegeben sind. Die gegeneinander schwingenden, teils Tonnen schweren Siebkästen, ergaben einen relativ ruhigen Standort bei hohem Durchsatz (t/h). Sie wurden sowohl für die trockene Vorklassierung bis herunter zu 10 mm und auch für die nasse Nachklassierung (Entwässerung des Leichtgutes von den Setzmaschinen) eingesetzt.

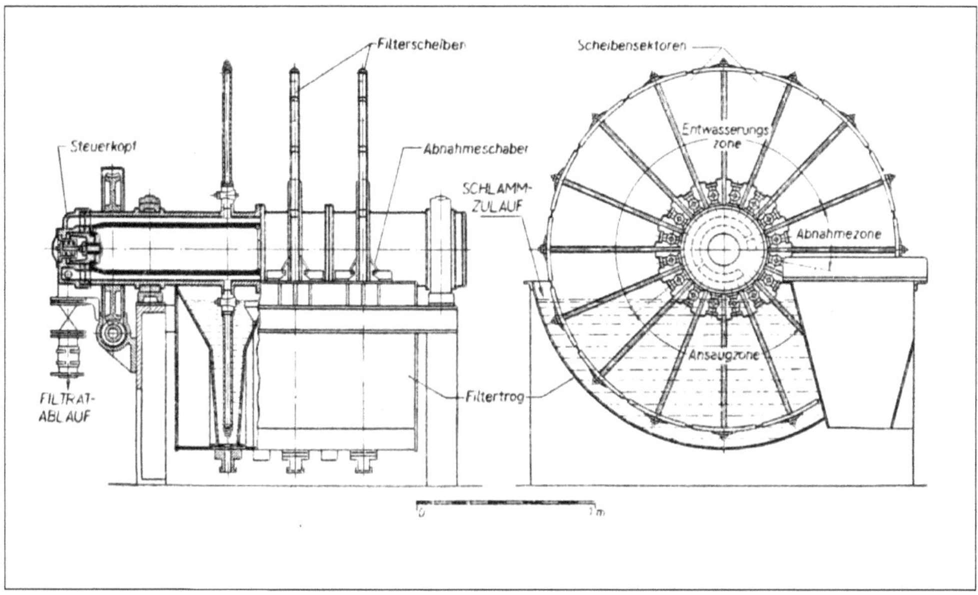

Scheibenfilter schematisch.

Die mechanische Entwässerung von Schlämmen hatte in den Steinkohlenaufbereitungen einen hohen Stellenwert. Der hohe Feststoffgehalt der
Schlämme, die relativ geringe Dichte des Feststoffs und das ständig geringe
Platzangebot waren die Hauptgründe für den Siegeszug der Scheibenfilter
in den Aufbereitungen. Vakuumpumpe, Rührwerk, Filtratpumpe, Gebläse,
entsprechende Rohrleitungen und Förderbänder gehörten zu einer Filteranlage noch dazu. Von der Filteranlage aus Kapazitätsgründen nicht zu verar-
beitende Schlämme flossen der Außenklärung zu. Die Abbildung wurde (23)
entnommen.

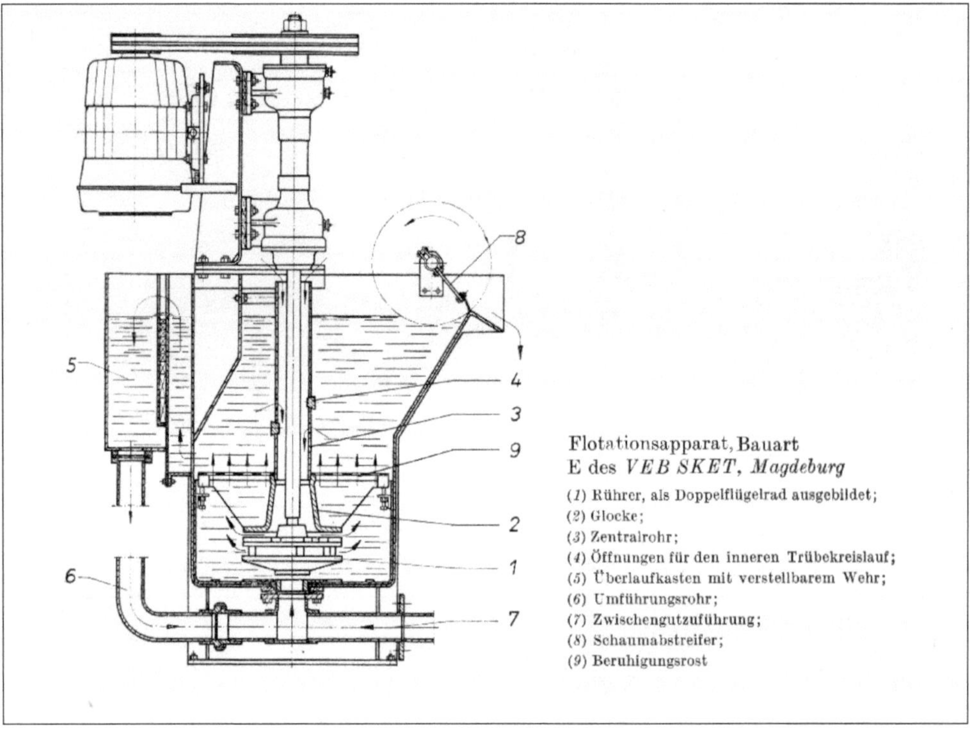

Flotationsapparat, Bauart
E des *VEB SKET, Magdeburg*

(*1*) Rührer, als Doppelflügelrad ausgebildet;
(*2*) Glocke;
(*3*) Zentralrohr;
(*4*) Öffnungen für den inneren Trübekreislauf;
(*5*) Überlaufkasten mit verstellbarem Wehr;
(*6*) Umführungsrohr;
(*7*) Zwischengutzuführung;
(*8*) Schaumabstreifer;
(*9*) Beruhigungsrost

Abbildungen 11 (aus 22) und 11.1 (aus 28) zeigen einen Flotationsapparat des VEB SKET Magdeburg und unten einen Blick in den Flotationsbetrieb der Aufbereitung des VEB Steinkohlenwerk Martin-Hoop IV. Die für die Trennung der feinen Kohleteilchen von den Bergeteilchen notwendigen Luftbläschen wurden in allen technischen Apparaten durch (allerdings) sehr verschiedene Rührwerkskonstruktionen erzeugt. Die von Natur aus hydrophoben Kohleteilchen lagerten sich teils von selbst, teils durch Öle unterstützt, an den Luftbläschen an und mussten somit an die Oberfläche der Zelle aufschwimmen.

Die apparativ und somit auch finanziell aufwendige Flotation lohnte sich nur dort, wo die gewonnene Feinkohle als Kokskohle Verwendung fand.

Martin-Hoop IV. Flotation im Bereich der Nassaufbereitung

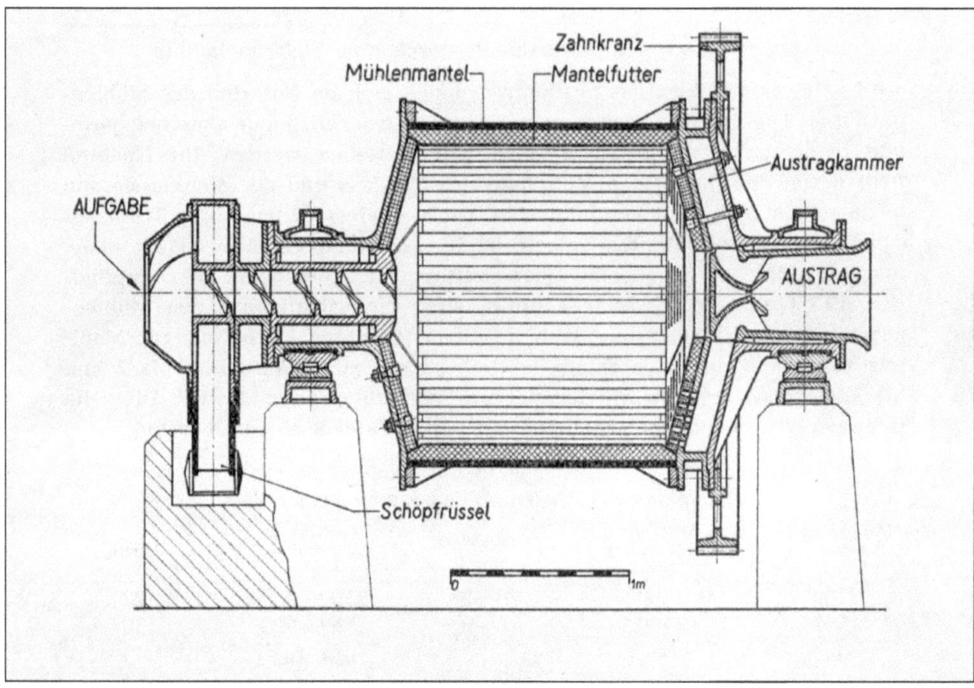

Abbildung 12 aus (23) zeigt den Schnitt durch eine von vielen möglichen Bauarten einer Trommelmühle. Trommelmühlen wurden und werden auch heute noch zur Erzeugung von feinen bis feinsten Mahlprodukten eingesetzt und haben somit im Steinkohlenbergbau grundsätzlich keinen Verwendungszweck. In den hier erwähnten Anlagen gab es aber mit der Aufbereitung der „Erzkohle" der SAG Wismut in Freital die Ausnahme. Die Uran führende Kohle musste für erfolgreiche Laugeprozesse auf weit unter 1 mm zerkleinert werden, was zweckmäßig mit Trommelmühlen in der Endstufe erfolgte. Aerofallmühlen zur Vorzerkleinerung, auch eine sehr spezifische Art von Trommelmühlen, gab es in den hier erwähnten Betrieben nicht.

Abbildung 13 zeigt einen großen Teil der neuen Aufbereitung des VEB Steinkohlenwerk Martin-Hoop IV. Es wurde (28) entnommen. Nicht sichtbar ist die 1,7 m dicke Grundplatte, auf welcher das 76,4 x 24,4 m große Gebäude mit 50 m Höhe stand. Es sollte dadurch sicher vor ungleichen Senkungen stehen, was auch bis zum Betriebsende so war.

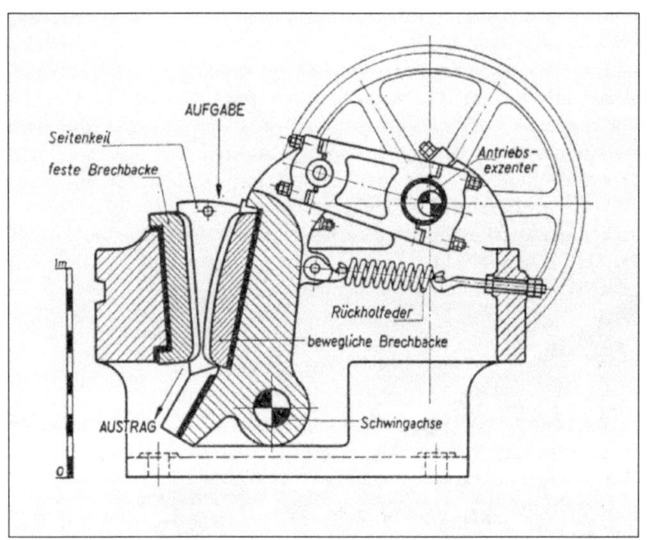

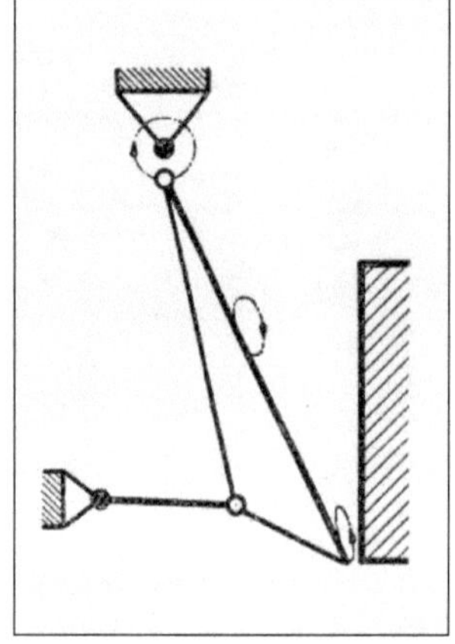

Abbildung 14 zeigt einen Backenbrecher im Schnitt sowie das dazugehörige Bewegungsschema. Beides wurde (23) entnommen. Backenbrecher arbeiteten in der Vor- Mittelzerkleinerung vornehmlich zum Zerkleinern von Bergen über und unter Tage sowie zum Aufschluss des Verwachsenen von den Lesebändern. Der Maschinenbau brachte auch hier verschiedene Konstruktionen auf den Markt.

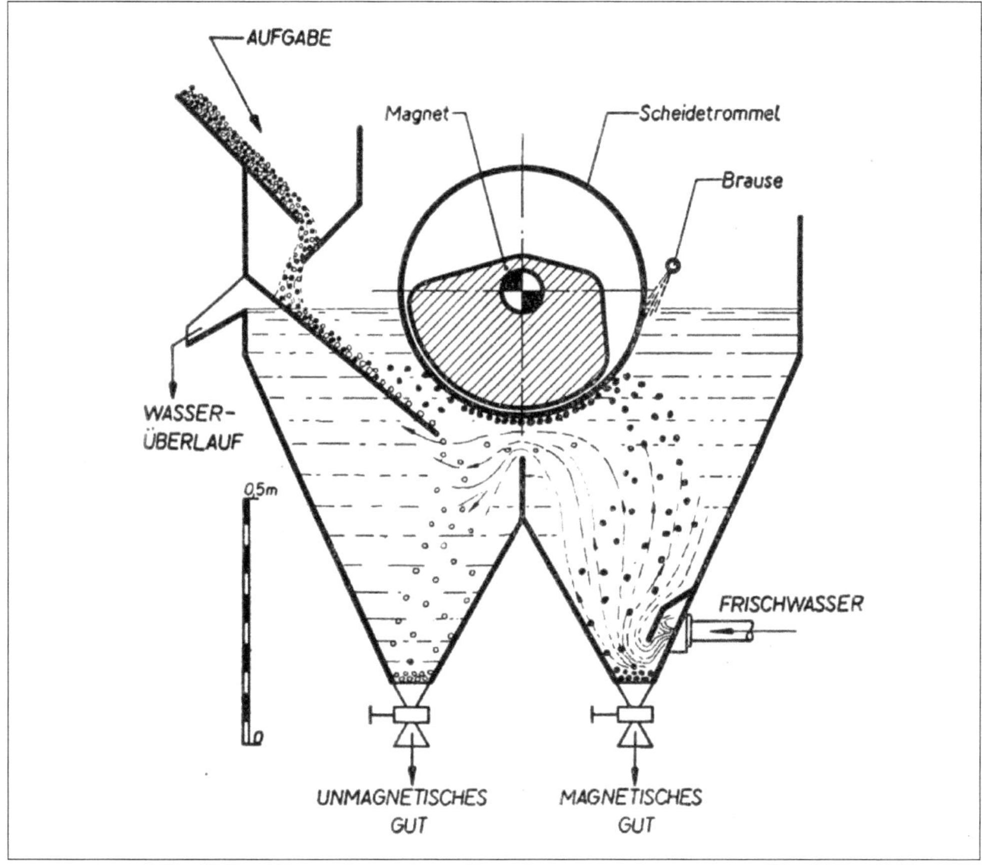

Die hier wiedergegebene Abbildung ist aus (23) entnommen. Sie zeigt schematisch einen Nasstrommelscheider für die Trüberegeneration. Der Magnet kann als Elektromagnet aber auch als Permanentmagnet ausgelegt sein. Mit Permanentmagnetscheidern des VEB SKET Magdeburg gelang in der Aufbereitung des VEB Steinkohlenwerke Martin-Hoop IV die Rückgewinnung des gröberen Magnetits aus der verdünnten Arbeitstrübe. Den feinkörnigen Magnetit gewann man mittels einer statischen Klärung zurück. Man konnte sich so hinsichtlich der Schwerstoffverluste auf internationales Niveau einpendeln.

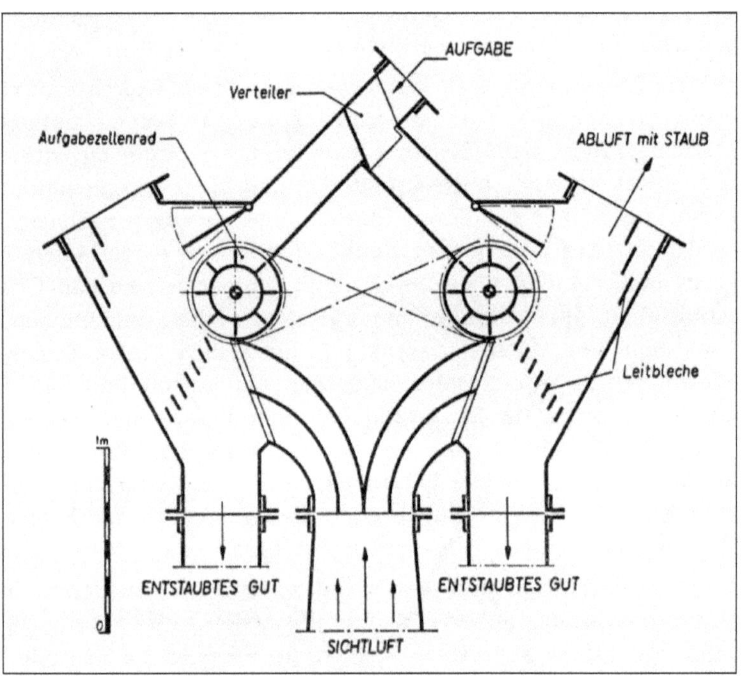

Der schematische Schnitt durch einen Kurzsäulensichter wurde aus (23, Abb. 85) entnommen. Die Kurzsäulensichter waren eine spezielle Entwicklung für die spröde und dadurch leicht zerkleinerbare Steinkohle. Man verzichtete auf größere Fallhöhen, um neue Staubildungen (Sekundärkornbildungen) zu vermeiden. Die Sichtluft kreuzte die vom Staub zu befreiende Rohfeinkohle auf kurzem Wege, was zwar zu geringerer Fallhöhe führte aber auch den Nachteil hatte, dass nicht vom Luftstrom erfasstes Feinstgut zwangsläufig in der Rohfeinkohle verblieb und in den Waschprozess gelangte. Belastet wurde hauptsächlich die Waschwasserklärung.

Drei Sichter dieser Bauart waren in der Aufbereitung des VEB Steinkohlenwerk Oelsnitz installiert. Nur etwa 50 % des Staubes (Korn < 1 mm) konnten so abgeschieden werden. Erschwert wurde die Staubabscheidung durch Staubbekämpfungsmaßnahmen mit Wasser bereits untertägig, so dass die Oberflächenfeuchte der Rohfeinkohle > 9 % stieg.

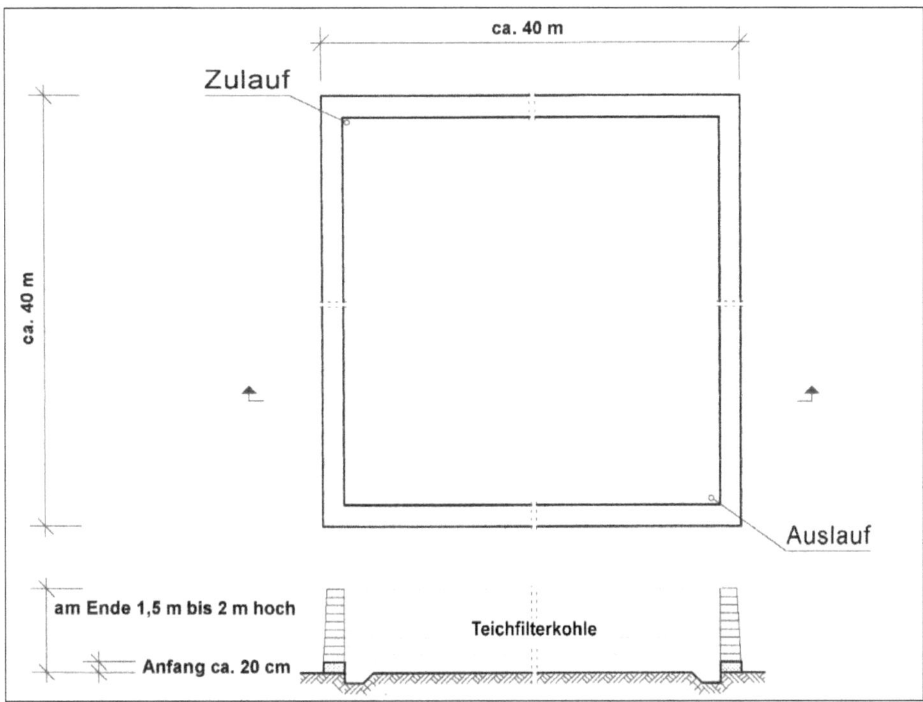

Skizze zu einem Auflandeteich.

Im Lugau-Oelsnitzer-Steinkohlenrevier verstand man darunter einen auf (einigermaßen) ebenem Gelände angelegten Klärteich. Dabei wurde am Anfang nur ein etwa 10-20 cm hoher Rand mit Schaufel, Spaten oder Hacke an den vier Seiten aufgeworfen. An einer Ecke leitete man dann den Überlauf der Scheibenfilter oder den Überlauf eines für den Grubenbetrieb angelegten Rückhaltebeckens ein. Diagonal gegenüber war der Auslauf. Ein Auflandeteich hatte Abmessungen von beispielsweise 40 × 40 m, je nach vorhandenem Gelände. Für jede weitere Erhöhung wurde dann sedimentierter, angetrockneter Feststoff (sogenannte Teichfilterkohle) verwendet. Um den Teich etwa gleichmäßig zu füllen, musste der Einlauf von Zeit zu Zeit etwas versetzt werden. Hatte der Teich eine Höhe von etwa 1,5-2 m wurde ein anderer angelegt oder ein bereits parallel betriebener angefüllt. Der Inhalt des stillgelegten diente als Zusatzbrennstoff für das werkseigene Kesselhaus.

Dank

Für die geleisteten Unterstützungen und wertvollen Hinweise bedanke ich mich ganz herzlich bei Frau K. Wünschmann und den Herren S. Bilz, Dr. habil. K. Graichen, J. Kugler, Th. Nicolai und H. Uebel.

Literaturverzeichnis

(1)   Der Steinkohlenbergbau im Zwickauer Revier:
      Herausgeber Steinkohlenbergbauverein Zwickau e.V.,
      Förster & Borries 2000, 1. Auflage

(2)   W. & W, E. Petraschek's Lagerstättenlehre,
      Schweizerbart'sche Verlagsbuchhandlung, Pohl, 1993

(3)   Moor- und Torfkunde, E. Schweizerbart'sche Verlagsbuchhandlung
      (Nägele u. Obermiller) Stuttgart 1976,
      Herausgeber: Karlhans Göttlich

(4)   Bergbau Monografie des LfuG Sachsen, Döhlener Bergbau

(5)   Der Deutsche Steinkohlenbergbau, Bd. 4 Aufbereitung der Steinkohle
      Erster Teil 1960 und Bd. 5, Zweiter Teil 1966,
      Verlag Glückauf GmbH Essen

(6)   Stratigraphische Tabelle von Deutschland 2002

(7)   R. Vogel: Das Lugau-Oelsnitzer Steinkohlenrevier. Mugler Druck-
      Service Hohenstein-Ernstthal

(8)   Geologie und Bergbaufolgen im Steinkohlenrevier Lugau/Oelsnitz,
      Geoprofil 13 (2010); Landesamt für Umwelt, Landwirtschaft
      und Geologie. Freistaat Sachsen

(9)   GAG Grubenarchäologische Gesellschaft, J. Ruder. Die ehemaligen
      Steinkohlebergbaureviere von Zwickau und Lugau-Oelsnitz
      (aus Internet)

(10)   L. Baumann & R. Vulpius.: Glückauf Forschungshefte 52 (1991) Nr.2.
Die Lagerstätten fester mineralischer Rohstoffe in den neuen Bundes-
ländern

(11)   Sächsisches Bergarchiv Freiberg, Bestandssignatur 40194-01 und 02,
VEB Steinkohlenwerk Doberlug-Kirchhain

(12)   Sächsisches Bergarchiv Freiberg, Bestandssignatur 40195-01 und 02,
VEB Steinkohlenwerk Plötz

(13)   Zur Geschichte des Steinkohlenbergbaus in der Halleschen Mulde,
M. Schwab; Wissenschaftliche Zeitschrift der Martin-Luther-Uni-
versität Halle-Wittenberg. Math.-Nat. VIII/3, S. 323-336

(14)   Sächsisches Bergarchiv Freiberg, Bestandssignatur 40121-01 und 02,
Steinkohlenbauverein des Hainichen- Ebersdorfer-Reviers

(15)   R. Herrmann: Zur Geschichte des Neuhaus-Stockheimer Steinkohlenbergbaus. Zeitschrift für angewandte Geologie, 1956, Heft 11/12,
S. 483-486

(16)   Frauensteiner Stadtanzeiger, 197/2006: Steinkohle im Osterzgebirge
zwischen Olbernhau und Altenberg, W. Ernst.

(17)   E. Phillip: Erinnerungsbuch der Gemeinden Gebirgsneudorf, Katha-
rinenberg, Brandau, Einsiedel, Rudelsdorf, Deutschneudorf:
ISBN 3-00-009253-6, Druck SDZ; Dresden 1995, 2002

(18)   H. Müller: Akten und Berichte vom sächsischen Bergbau. Heft 50,
Jens-Kugler-Verlag 2008. Zur Geschichte der Steinkohlenaufbereitung im Lugau-Oelsnitzer Revier

(19)   Lamprecht: Die Kohlenaufbereitung. Verlag von Arthur Felix,
Leipzig 1888

(20)   O. Bilharz: Die Mechanische Aufbereitung von Erzen und Mineralischen Kohlen in ihrer Anwendung auf typische Vorkommen.
2. Bd. Verlag von Arthur Felix 1898

(21)   Jungeblodt und Eschenbach: Die Kohlenaufbereitung.
G.D. Baedecker, Verlagsbuchhandlung Essen, 1915

(22) H. Schubert: Aufbereitung fester mineralischer Rohstoffe Bd.1. VEB Deutscher Verlag für Grundstoffindustrie Leipzig, 1989, 4. Auflage

(23) H. Kirchberg: Aufbereitung bergbaulicher Rohstoffe. Bd. I 1953, Wilhelm Gronau Verlag, Jena

(24) Stute, Silvio: Persönlich übergebene Unterlagen zur Aufbereitungsentwicklung im Döhlen/Freitaler Gebiet mit Stammbaum von 1943

(25) Stute, Silvio: Die Aufbereitungsfabriken der SAG/SDAG Wismut im Uranbergbaugebiet Freital, Freital im Februar 2007

(26) Chronik der Wismut:

(27) T. Nicolai: Der Gang der Aufbereitung im Steinkohlenwerk Freital. Ausarbeitung im Rahmen des Vorpraktikums für die Aufnahme des Studiums an der Bergakademie Freiberg/Sa., 1953

(28) H. Uebel: Die Aufbereitung des Martin-Hoop-Schachtes IV – der einzige Neubau im Zwickauer Revier seit 1923, 55 Seiten plus Anlagenverzeichnis, Quellenverzeichnis, Bildnachweis und Zitatnachweis [unveröffentlichtes Typoskript]

(29) Sächsisches Bergarchiv Freiberg, Abschlussbericht zur Forschungsarbeit „Untersuchung der zweckmäßigen Zusammensetzung von Schwertrüben für verschiedene Sinkscheidertypen, Trennwichten und Regenerierverfahren aus heimischen Schwerstoffen" Plan-Nr. 012 004 h/7 – 42, Verantwortlicher Bearbeiter: Dr. Ing. W. Hentzschel, Beginn der Arbeiten Januar 1957, Ende der Arbeiten Dez. 1957

(30) Sächsisches Bergarchiv Freiberg, Ausführlicher Abschlussbericht zur Forschungsarbeit 012 212 h/b – 23b „Erarbeitung der Technologie der Aufbereitung für die zukünftige Förderung des Zwickau-Oelsnitzer Steinkohlenreviers, Teilaufgabe Oelsnitz..."; FIA Freiberg, Verantwortlicher Bearbeiter Dr.-Ing. W. Hentzschel; Fertigstellung des Berichts 20. 8. 1957 Beginn der Arbeiten 1955

Inhaltsverzeichnis